品牌×新創

周品均的創新態度與思維

周品均——著

為什麼我要寫這本書？

起因很簡單，因為很幸運的，我在22歲那年就成功創業。

距離上一本個人著作《網拍創業女王周品均的東京著衣》（《三采文化》2011），至今已過了七年，很榮幸地被媒體封為「網拍女王」和「七年級CEO」。

但是，我也在創業的第十年，事業最高峰之時，被迫離開了自己一手創立的公司。

在沉潛了兩年的時間，重新歸零的我，再度成立了個人的全新品牌「Wstyle」。

並且決定用自己創業十年的經驗，在網路上發表文章。

沒想到，竟意外引發了許多迴響。

也許是重新回到「個人」的身分，而非肩負著「女裝王國創辦人」稱號的我。

經歷了創業最初的網拍時代，到十年後的電商新創世代，同時也見證了網購的迅速崛起、成長趨勢與發展轉變。

我發現，自己所分享的簡單觀點和實戰經驗，可以幫助到很多人。

並且讓許多對於想要創業、打造品牌，或是對經營電商有興趣的朋友，能在創業的過程中少走一點冤枉路。

不過，還有另一個想法，也是促成本書生成的原因之一。

因為我觀察到一個我並不樂見的網路現象，也希望能發揮自己的一點影響力，引起一些改變。

就是身處於資訊爆炸的網路時代，如何抱持著多方參考與樂於學習的正確心態。

我經常看到每當媒體報導或網路上分享某個成功案例時，就會有網友連整篇文章都沒看完，只看標題就直接開砲批評。

不論這些成功案例的方式或領域是什麼，好像人人都變成了深知內情的專家。

任意地只用幾句話，就能將其說得一文不值；而不是以正面的角度，來看待其中有無任何值得學習之處。

又或是只要網路上興起探討某個議題和看法時，有些人在面對與自己不同的觀點時，總是急著加以推翻或反駁，好證明自己才是對的。

彷彿這個世界只有「非黑即白」的辯證，少了「兼容並蓄」的雅量，因而逐漸演變成現在盛行的「酸民文化」與「唱衰心態」。

卻不知道，如果一個人無法用更開闊的心態，接受更多元的觀念，才是最可怕的。

當大家都抱著「這裡面講的絕對有錯」的預設立場，而不是以「這樣的思維我們倒是可以學學」的想法來加以思考，又該如何在隨時都在變動的數位世代，找到生存之道呢？

這或許是台灣一直以來的填鴨式教育，所造就出的僵化思考。

因為擅長熟讀課本與背誦答案，偏好「絕對答案」的是非題，而非分析各個面向的申論題。

導致缺少了獨立思考、客觀判斷與自我檢視的養成訓練。

少了這部分正面看待人事物的心態，卻又追求快速成功的方法，忽略了成功的背後，必須付出的長期努力與堅持。

於是，便變相地迷戀報名參加名師教學講座，不停追尋各種必勝的黃金公式。

甚至期盼在短短的兩、三個小時內，就能學會打造品牌或行銷操作的速效 Know-how。

所以，造成了一窩蜂只想炒短線賺錢、卻不想投資心力經營的短視近利風氣。

但是，這真的是正確的「學習」心態嗎？

還是你真的相信，成功是可以「抄捷徑」一步登天，而且又不用承擔任何風險呢？

所以，在本書中，我想分享的是「觀念」。

希望能針對台灣產業與發展現況「拋磚引玉」，引發更多的討論與交流。

而非以自身經歷和專業，為大家定義「怎麼做才是成功」。

既不是教戰守則，也不是黃金公式。

只有淺顯易懂、可輕鬆翻閱的短篇文章。

雖然每一篇只講述一個簡單的核心觀念，卻是我用真實人生的創業經歷，所累積而成的濃縮精華。

畢竟，現在的我們，身處在一個無法預測趨勢，就連使用的技術和裝置也一直不斷更新的數位時代。

每天都充滿著未知、變動與不安，同時卻也是最能激發創意與無限生機的世代。

如果你問我：「什麼才是永恆不變的成功創業關鍵？」

我的答案很簡單，就是「擁有正確觀念」和「掌握核心價值」。

誠摯地希望，不論你是對創業躍躍欲試的年輕人，或是已經在創業路上奮鬥的創業者們，還是想為個人職業生涯注入新思維的朋友，都能有所獲得。

更期待大家能抱持著更開闊的心態相互交流，一起接受數位經濟下創新商業模式的種種挑戰！

周品均

第1章 創業

第3章 管理

第4章 電商

第5章　思維

1

創業

01

你真的適合創業嗎？

或許這一切跟你想的並不一樣

近幾年無論是網路或實體，都興起了創業熱潮，大家都在思考與學習該怎麼創業，有人花錢到處聽講座、抄筆記、學數據，好像聽完、學完就可以創業當老闆。

但是，當你一頭熱的編織著創業夢想的同時，似乎從來沒有人會告訴你：

「也許，你根本不適合創業？」

曾有朋友的朋友，想自行創業在網路上賣女裝，透過朋友向我請教「怎麼做才會成功？」

我提出的第一個問題是：「為什麼想賣女裝呢？」

她說：「因為對時尚很有興趣。」

我再問她：「有決定要走什麼風格，或是鎖定什麼銷售族群嗎？」

她說：「沒有，只要是流行女裝都可以；至於銷售族群應該就是跟自己一樣的上班族女性。」

於是，我再問她：「妳有採購服飾、設計女裝或銷售的相關經驗嗎？」

她說：「沒有，但我自己平常很喜歡逛網路女裝。」

我繼續追問：「如果沒有相關經驗，還是身邊的朋友都覺得妳很會穿搭，或者很有生意頭腦之類的？」

她給我的答案是：「好像也沒有，純粹就是個人喜好。」

她一直強調自己真的很有興趣，然後開始述說著她心中所想像與嚮往的美好景象。

例如，可以時常飛到國外搶先目睹最新時尚趨勢、採購喜歡的單品。然後，把它們帶回來讓美美的模特兒穿上拍照，再放到網路上銷售，擁有一個專屬的時尚網站。

而且，自己也能每天穿上這些美麗又流行的衣服。

這就是她想要的美好生活，也是事業與興趣的完美結合。

聽到這兒，我心裡大概有底了。

我最後的問題是：「現在網路開店的門檻已經不像以前那麼低了，妳的創業資金從哪裡來？」

她說：「現在的工作待遇其實很不錯，幾年下來自己也存了一筆積蓄，所以覺得應該是時候可以創業了。」

最後，我給她的答案是：「如果妳貿然投入，首先，妳會丟了一個待遇很好的工作，而且現有的這筆積蓄，恐怕也會在很短的時間內就蒸發掉了，到頭來反而得不償失，落得兩頭空。」

如果對時尚產業真的有興趣，也許可以先想辦法轉職到流行時尚相關領域，學習專業和累積經驗，不一定非得自己創業不可。

就跟你愛喝咖啡，不一定要自己開咖啡廳；喜歡逛街買衣服，不一定要自己賣衣服，是一樣的道理。

因為，妳所看到的創業成功案例，都是「興趣×專業×時機×努力」，再加上「天時×地利×人和」，才造就出來的。

所謂的「成功」，真的沒有你想像的那麼簡單，也絕非偶然；更不是只要擁有創業的決心和資金，就能一蹴可幾！

要知道，「有興趣」跟「有沒有能力」，真的是兩回事。

這句話聽起來很殘忍、也很澆人冷水，但卻是最實際、也最必要建立的先決條件。

所以，我從不會大肆地鼓吹：「創業很棒！大家趕快來創業吧！」

對於每一位告訴我想要創業的朋友，我一定先請對方思考以下幾個基本問題。

你為什麼要創業？

請先問問自己，你想創業的目的是什麼？

只是因為討厭現在的工作，不想被你所認為的笨蛋上司管？

還是覺得自己創業會比較自由，而且與領死薪水相比之下能賺更多的錢？

或是你已經累積了足夠的專業能力，做足了市場分析，並且掌握了別人所沒有的獨家資源（例如：領先科技的研發技術、商品專利、銷售通路、人脈等），而從中發現了值得一試的新商機呢？

你對這個產業了解多少？

選擇創業之前，建議先從自身最擅長的領域起步。

這就跟大學聯考時選填科系的道理一樣：「選擇自己喜歡跟擅長的，如果能夠兩者兼具最好！」

再者是你真的了解你想投入的產業，以及你所鎖定的客群樣貌嗎？包含客人的需求、特質與思考邏輯。

或是你擁有該產業中獨特的人脈或技術，也具備一定經驗的經營管理能力呢？

還是只是因為自己都是這樣買東西的，所以心想「大家一定也都差不多吧？」

你要如何讓消費者知道你的存在？

許多人都會說：「一開始先靠朋友幫忙介紹或分享，再慢慢打響知名度，應該沒問題吧！」

那麼請容許我打破你的美夢，因為這完全是不切實際的想法，甚至可說是「走一步算一步」的鴕鳥心態。

如果你沒有讓商品行銷曝光的預算與專業，在現今這個資訊爆炸、競爭者眾、消費者選擇性多和社群媒體當道的數位時代，你的心血很有可能在還沒被人所知之前，就石沉「茫茫網海」中了。

請務必認清現實，現在已經不是以前那個「無心插柳柳成蔭」的時代了！

你有什麼方法或獨特賣點讓客人買單？

在創業前請務必試著「換位思考」，也就是你所提出來的賣點，若換成你自己是消費者時，你會不會買單？

而且這個賣點能夠持續多久？是否有足夠的延續力與擴充性，讓它足以成為一門生意，甚至支撐起一個品牌的建立與永續經營？

如果你對上述的問題有任何疑慮，請你不要輕易創業。

如果純粹為了想當老闆、想要更自由而創業，很快的，你會發現創業根本沒那麼有趣。

如果沒有完善的經營管理與財務規劃能力，很快的，你就會燒光一筆錢，甚至還可能背上一屁股債。

如果沒有強大的熱情、責任感、抗壓性與堅定的目標，很快的，你會因為這一切都跟你想的不一樣，感到心灰意冷而放棄。

我並非不支持追逐夢想，但是請先明白，成就夢想需要很多必要的「現實條件」作為支撐。

人人都可以做夢，卻不是每個人都有能力把夢實現。

在急著學習怎麼創業當老闆之前，也許你更需要先停下腳步好好想想，自己到底適不適合創業。

02

創業，就是滿足消費者需求！

賺錢只是做對事情的附加價值

用最簡單的一句話來說，「創業，就是滿足消費者的需求」。

也有人說，創業是「解決消費者的問題」。

其實，講的都是同樣的一件事。

如果你能滿足某一部分人的需求、解決某一部分人的問題，或許就能得到成功，這就是創業的本質。

也就是說，當你想要創業，最重要的就是做好這件事，並且先從自身最擅長的領域起步。

創業絕對不是寫一堆連你自己都看不懂的營運計畫書，更不該是來自一堆從講座抄來的數字與黃金公式。

許多想創業的朋友，由於想要快速從中獲利，經常在還沒搞清楚如何透過商品或服務來滿足消費者的需求之前，就到處花錢聽講座，藉以尋找成功的創業捷徑。

或是，看見什麼東西最近好像很流行、也很有商機，就決定一窩蜂地跟進，卻無法分辨自己的能力適合什麼，到最後還是找不到方向。

導致在還沒創業成功之前，就先被賺走一大筆錢，變成創業者裡面的「窮忙族」。

當我們參考許多成功企業家的創業故事時，你會發現，成功者的創業初衷，通常不單只是因為發現某塊市場有利可圖。

而是想要改變某些不便，提供消費者更好的產品或服務。

「賺錢」是因為做對了事情而產生的附加價值，但一開始絕對不是「只」為了賺錢。

以我自己為例，最初創業時，只是個愛漂亮的女大生，發現周遭好像有很多女生都不擅長挑選與搭配衣服。

我心想，既然我這麼常給身旁的親友穿搭建議，往往也都能讓她們滿意，甚至請我幫忙選購適合她們的衣服或陪著逛街購物。

或許，我可以透過網路幫到更多人，而且這一定很好玩！

沒想到，竟然因此「玩」出了一家企業。

真正使這個企業越做越大的原因，並非我擁有了先知般的神準預測能力，知道往後十年是平價流行女裝的全盛時期，更不是只以增加更多獲利作為創業初衷。

最主要的原因，是因為我想藉由我的能力，滿足消費者的更多需求。

例如，隨著口碑逐漸建立，顧客族群越來越廣，於是我開始增加更多的服裝款式與品牌風格，讓各種年齡層的顧客都能選購到適合自己的產品。

因為收到許多顧客反應，購買了喜歡的單品卻不知道如何搭配，希望能獲得更多的建議與參考。

於是我在商品開發時，將「全身造型」一起列入考量，並以服裝雜誌的拍攝方法，搭配出多樣化的整體穿搭，方便顧客在瀏覽網頁時，就能參考多種穿搭建議。

當時也因為希望能更快速、更安全的將商品配送到顧客手上，而選擇提供「假日也可送貨」和「可指定送達時間」的「黑貓宅急便」作為物流首選，於是成為全台第一家全面使用「宅急便」專業配送的賣家。

當我開始提供宅急便寄貨服務後，卻意外發現了一個原本沒有預想到的情形。

有許多不想把商品寄到家裡的顧客，以為「既然可以去超商寄貨，應該也可以把貨寄到超商後再去拿」，便誤把超商當成24小時的取貨服務使用，而經常要求我們把商品寄到某家便利商店。

由於當時的統一超商並沒有提供這項服務，反而造成了雙方的業務困擾。

為了滿足顧客的需求，我便主動與統一超商洽談，希望能夠共同開發一套提供網拍賣家寄貨到全台門市、方便顧客自取和代收款項的系統；經過長達一年的共同研發後，終於開啟「超商取貨付款」的創新服務。

當這套系統開發完成後，便立即廣泛應用到全台灣的網路平台與賣家，間接促使了網購市場蓬勃發展。

沒想到，原本單純只是想要「讓顧客更方便」的心意，竟然意外改變了網購市場的物流模式，這也是創業中最重要的一件事：「創新」。

還有就是在推動網路金流上的努力，雖然現在網購刷卡是一件稀鬆平常的事情，不過當時的電商市場並不像現在已發展成熟，各大網購平台並沒有提供「線上刷卡」的服務。

消費者在網路上購物時，只能以銀行轉帳或匯款的方式付款；所以每到了月底時，常常有顧客在下標後，留言詢問我們可不可以幫她延長結帳時間，方便等下個月發薪時再付款。

當時我心想，如果能夠提供「線上刷卡」服務，讓消費者能夠比照實體通路購物使用信用卡繳費，享受「當月購物、隔月付款」的彈性與便利。

於是，我便決定主動和銀行洽談，既不設定刷卡金額的門檻，並且自行吸收刷卡成本，以及承擔必須等出貨後的下一個月，才能和銀行請款的資金周轉風險，在當時的電商平台都未提供刷卡服務時，成為了第一家提供「線上刷卡」的網購業者。

這些在當時創新的調整，說穿了其實很簡單，也並非掌握了什麼獨門訣竅。

一切都只是想要盡力解決顧客所反應的問題，滿足消費者的需求，如此簡單的初衷。

「顧客有需求，我就去試試看！」

「平台沒提供，那我就自己做！」

這樣的開創性格，是我認為創業者一定要擁有的特質。

要知道，現在大家所熟悉的一切服務，都是最初的產業開拓者，一點一滴所累積而成的。

我希望創業者能藉此思考一件事，即便是現在，也要不斷思考能為這個時代創造什麼，不斷的創新，為自己增加競爭力。

在營運公司的過程中，我的出發點從來都不是要怎麼樣才能賺更多錢，或者要怎麼樣可以讓公司規模變更大。

而是不停的站在顧客的角度換位思考，提供消費者想要的和需要的商品與服務，時時刻刻問自己該怎麼做會更好。

我非常認真的想要做到這些消費者所盼望的事情，也才因此一步步地成就了台灣網購女裝的第一品牌。

企業經常會陷入商業競爭的思維裡，滿腦子想著要怎麼樣擴大市佔率、提升獲利率，以擺脫競爭對手，成為更大的企業。

當創業家想著怎麼樣才能賺更多錢，想要上市上櫃、追求更多的名利與財富時，往往就會忽略了企業存在的本質是應該專注於滿足消費者的需求。

請記得，當方向對了，做出對的事情便是順水推舟；一旦方向不對，即便做對事情，也只是徒勞無功。

03

熱愛，是成功的唯一關鍵！

只有使命感能帶給你成就感

我必須老實說，創業當老闆，真的是一件很辛苦的事。

唯有你真心「熱愛」，創業才有可能成功。

我在二十二歲那年創業，而後的整整十年，我將自己人生的一切，全部奉獻在事業上。

在那段最青春寶貴的花樣年華裡，十年中有超過三分之二的時間，我就像個全年無休的機器人一樣，過著沒有假日、沒有下班時間、沒有休閒娛樂的生活。

甚至，連最基本的正常飲食和睡眠時間都無法兼顧，每天沒日沒夜的工作著。

就連害怕生病的原因，都不是為了保持身體健康，而是擔心因為生病而無法工作。

聽起來很可笑，但卻是我真實的人生寫照。

當同年齡的朋友在過節、玩樂、談戀愛或體驗人生的時候，我都在工作。

剛創業的前兩年，為了想要爭取更多的時間工作，三餐只喝高熱量的流質飲品，為的是省下要拿筷子而必須放下滑鼠的時間，結果瘦到連我媽都快認不出我來。

雖然磨練出驚人的意志力、抗壓性與工作效率，卻也搞壞了身體，每年公司健檢，都顯示白血球數量過低和營養不良。

但是，這樣的警訊仍然無法阻止我停下腳步。

好幾次病到被迫去醫院打點滴，卻因為無法忍受躺在病床上等待點滴打完的時間，決定直接掛著點滴回家，坐在辦公桌前一邊打點滴、一邊打電腦；等點滴打完以後，再自己親手拔掉。

那時候的我，如此「工作狂」的程度，讓一起共事的員工全都看傻了眼。

尤其是在我創業的第七年，得知懷孕的當下，驚嚇的程度遠大於驚喜。

第一個想法就是萬一不能出國出差，或者身體出現什麼狀況，以及做月子的那段時間，會不會影響公司的營運發展？

即便內心有著許多擔憂，但是面對一個小生命就這麼巧妙地降臨了，還是決定樂觀以對，帶著肚子裡的寶寶繼續往前奮鬥。

忍受著孕期的種種不適，一路工作到剖腹產的前一刻，才甘願關上筆電進產房生小孩。

記得剖腹完的隔天，即使傷口疼痛萬分，下半身一動也不能動，只能躺在病床上的我，又立刻打開筆電繼續工作。

當醫生與護士走進病房、準備替我檢查傷口和換藥時都嚇了一大跳！

為什麼一個前一天才剛剖腹、手臂上還打著止痛針，全身動彈不了，根本還無法下床的產婦，竟然在這麼虛弱的狀況下，就抱著筆電在工作了？

醫生忍不住對我說：「妳真的是我從醫以來，看過最誇張的工作狂了！」

當然，現在的我，一點也不鼓勵這樣過度工作的方式。

但是，為什麼當時的我，竟然可以這樣做呢？

長達十二年來，從未對工作感到一絲倦怠，甚或產生想要放棄的念頭。

並不是因為我天生擁有超乎常人的意志力，或是懷抱著龐大的野心，更不是為了累積財富。

而是因為我真心熱愛這份事業。

如果沒有如此強大的信念及熱情支撐著，我相信，我是絕對無法走到今天的。

也因如此，使我產生了一種「使命感」。

讓我每天都有著滿腔的熱情，希望顧客能感受到自己對於流行女裝所體會到的美好。

因而願意設身處地為了消費者著想，恨不得將每一天當成好幾天用。

「每天盯著數據報表看」，是因為我好想知道，今天我們有沒有做對了事情。

「每週上百款的新品設計生產」，是因為我好想把這些最新的流行跟顧客分享。

我在乎我的顧客每天到我的網站來，看到了什麼。

我在乎我的顧客在交易的過程中，感受到了什麼。
我在乎我親自挑選的產品，拍照後呈現出什麼。
我在乎我的工作團隊，是否提供了消費者真正想要的。
是這份強大的熱愛支持著我，就算遇到再大的困難，我也會想辦法克服；面臨再多的挑戰，都不會讓我退縮。
也因為憑著真正的熱愛而活，對於如此辛苦的過程和必須付出的代價，我都心甘情願，自然不會有什麼埋怨。
就是因為創業之路如此艱辛，如果只是以「利益」為前提，其實並無法持續太久的。
或許最初的前兩、三年還可以撐過，但是，當時間一久，你會開始覺得自己犧牲很多、獲得很少。
尤其當市場發生變化，消費者的需求轉變了，或是既有獲利的方式變得困難或更具挑戰時，沒有「熱愛」作為基礎的創業，是無法讓你心甘情願、就算跪著也要走完的。

如果你不是真正熱愛這件事情，創業會使你很快就支撐不下去。因為你不是發自內心的喜歡，所以你不會費盡心思，也不會努力到極致，那麼自然成果就不會太好。

當成果不是太好，你便很難從中獲得任何肯定、激勵和成就感。甚至開始對自己產生懷疑、迷惘與更加茫然。

當你看到資金一再的燒下去，卻看不到未來時，於是你就更提不起勁來了。

如此一來，就會陷入惡性循環，直到你甘願放棄、或不得不放棄的那天為止。

不只是創業，職場上的表現，也是相同的道理。

不論創業或是選擇就業，都別忘了先問自己一個問題。

「你是打從心底熱愛這份事業或工作嗎？」

04

創業者一定要知道的五件事

現在不懂，市場也會逼你懂

很多年輕人創業是為了夢想，或是想擺脫大專畢業生的22K低薪魔咒。

而有工作經驗的人，創業則多半是想要轉換跑道，追求生涯規劃的轉型。

不論是基於哪種原因打算創業，或是正處於創業階段，首先都必須具備上一個章節所說的「打從心底的熱愛」。

不過，除了真心熱愛以外，我相信大多數人都是為了創造更多的收入。

和當上班族每月領固定薪水相比，自行創業的確有機會獲得更可觀的收入。

不過，也因為如此，在還沒有創造出獲利之前，我想和大家分享幾件創業者一定要知道的事，以及必須破除的錯誤迷思。

「生存」是唯一目標，運用現有資源才是關鍵！

首先，在創業還沒有達成穩定獲利之前，創業者的首要目標，就是想辦法生存下去。

「運用現有資源」絕對是最重要的關鍵。

請捨棄所有不必要的投資，包含任何軟硬體設備和人力。

用最少的成本，試出能創造獲利的「商業模式」才是重點！

除非你的資金很雄厚，對該市場也極富專業與信心，否則對於起步時的種種投資，就必須更加謹慎小心。

我看過太多創業失敗的案例，在創業初期就大肆地招兵買馬，打造漂亮的辦公室或租下高昂租金的店面，再添購價值不菲的齊全設備。

一開始就把成本墊得太高，導致最後血本無歸的狀況。

不想「出師未捷身先死」，就請先用最少的成本與人力應戰。自己能做的事情，就不要花錢請人幫忙，哪怕是你從未接觸過的各種雜事。

就以我個人兩次創業為例吧！

當時創辦「東京著衣」的我，只是一個大三生，從一個人、一間學生宿舍和一台電腦著手開始。

即便到了第二次創業，創立「Wstyle」時，擁有了十年以上創業經歷的我，依舊秉持著「能省則省」的精神。

包括，先在自家的客廳工作，省去租辦公室的費用；以及盡量運用網路上的免費資源、工具或技術，先以不花錢、卻能爭取曝光或進行作業的方式為主，例如用 Facebook 粉絲專頁行銷宣傳、使用 Google 表單統整訂單。

以及，不請員工，自己一手包辦所有事務，從採購商品、拍攝商品照、撰寫文案、回覆客服留言，到確認訂單和出貨包裝寄送。

這就像是許多知名的創業神話，都是從「車庫」起家一樣。

請將「車庫創業」的精神，永遠銘記在心。

唯有如此，才能獲取更多的時間，來確認你的商業模式，是否能夠帶來穩定的獲利。

在穩定獲利之前，你的唯一目標只有：「想辦法存活下去！」，好為自己爭取更多停留在戰場上的戰糧與時間。

擁有信念與熱情，才能讓你堅持到底！

在盡量減少不必要的開銷後，接下來，創業者內心的信念與熱情，則是支撐自己在創業這條路存活下去最重要的力量。

創業者的環境可能很孤獨，也可能很無趣。

通常朋友、家人並不一定理解你在做什麼，甚至還會潑你冷水。

背負著龐大的壓力與工作量，創業者得擁有強大的抗壓力和情緒調適能力。

甚至很可能即便你做了什麼突破的創舉，也不會有人為你喝采。

唯有熱情與信念，才能讓你享受孤獨、堅持到底。

我有一個女性朋友為了一圓開咖啡廳的夢想，辭去外界眼中極為高薪的工作，到咖啡店當外場服務生。

連好不容易休假時，還自己花錢報名咖啡相關課程，每天忙得焦頭爛額，但是薪資卻不到以前的四分之一。

當她這麼做時，大家都覺得她瘋了，放棄了大好前程，竟選擇了從零開始的未知道路。

但是，她告訴我：「只有如此，我才能確定自己是不是真的這麼想創業，如果連這點苦我都吃不消，那我也不用想開店了。」

我非常認同她的想法，也佩服她的堅持，更看好她破釜沉舟的決心與抉擇。

不論她最後能否成功，至少她已先擁有了創業者必須具備的熱情與信念！

勇於承擔風險，絕不輕言放棄！

在創業過程中絕對有挫折、有損失，很可能是人為疏失、判斷錯誤，也可能是大環境、天災不可抗力因素。

任何大大小小的耗損，本來就是創業的風險之一。

在我創業多年以來，通常大家只看到品牌成功的風光之處，卻很少有人知道在成功背後所經歷過的無數慘痛損失。

例如，我曾經有一次因為強烈颱風來襲，造成倉庫嚴重淹水，一夕之間毀掉了大量商品與砸下重金投資的設備。

當然，還有更多數不盡的人為疏失，所造成的種種損失。

當噩耗發生時，無論是什麼原因所致，總之努力的成果就是付之一炬了。

只要沒有被徹底擊潰，就一定要先冷靜下來面對事實，思考如何用最快的速度做出正確的應變，並且記取教訓，以後才能避免重蹈覆轍。

千萬不要把時間浪費在慌亂、懊惱和怨天尤人等於事無補的事情上，更不要在當下急著追究責任，先解決眼前的問題，後續再來想辦法調整。

尤其是當不好的事情發生時，領導者更應該穩定軍心、坐鎮指揮，協助自己與團隊度過難關。

畢竟，在任何創業情境中，錯誤與意外隨時都會發生。

這就跟所有理財廣告一定會加註的警語一樣：「投資一定有風險，基金投資有賺有賠，申購前應詳閱公開說明書。」

創業也是一樣，不但沒有公開說明書可供詳閱，還必須承擔所有人為與非人為因素的風險。

具備「把劣勢化為成長養分」的樂觀心態，才不會被遭遇的困難打敗，並在一次次的錯誤中學習與提升。

永不自滿，不斷追求突破！

在創業的路上，即使獲得許多資源，困難仍然如影隨形。

危機永遠都在，必須不斷前進與突破。

許多人都覺得當老闆比當員工棒多了，事實上，老闆要煩惱的問題、肩上要扛的責任，與必須承擔的風險，很可能是身為員工終其一生都無法想像的。

創業者一定都知道，即使已經走在成功的路上，仍然一刻都不得放鬆。只要任何一個環節沒有串接好，隨時都有可能前功盡棄。

所以，創業者可以自信，但絕對不能自滿。

當創業者一旦覺得所有事情都上了軌道、不需要煩惱時，危機就可能悄悄降臨。

因為這代表創業者變得自滿，而成為其他人可以輕易打擊的目標。

一個成功的創業者，應該對於任何一件事，保持戰戰兢兢的態度，才能迎接未來可能遭遇的各種挑戰。

領導統御的能力，決定企業的未來！

創業初期，也許還可以憑藉自己的力量，找出成功獲利的方式。但是，當企業成長到了某個階段，團隊的整體能力則決定了企業的未來。

身為公司的最高領導人，你必須為自己打造一個「信念一致」的團隊。

一個組織能否一起走得長遠，取決於團隊是否擁有共同的信念。

因此，對我來說，選對願意支持你、認同你信念的員工，非常重要！

當創業邁入團隊階段，領導人最重要的一件事，就是用對人，以及把人放對位置，讓團隊裡的每一份子都能充分發揮，展現其最大的功能與價值。

而對於不適任的員工，也要有淘汰的決心與能力。

我看過許多善良的老闆，一旦用了人，就不好意思開除，總覺得把人留著應該還是用得到。

無論是心太軟或是缺乏魄力，留下不好的員工，絕對不是一件好事，無論是管理面或人事成本上，都會產生非常負面的影響。

身為團隊的領導者，你最重要的一件事，是替這個組織挑選優秀人才，並確保這個組織朝著正確的方向前進。

一定要知道，如果你的創業失敗了，該負責的只有你自己，沒有別人。

千萬不要忘了自己的角色是什麼，並且替自己做正確的選擇！

05

別傻了！創業並沒有成功公式！

如果照公式就能賺錢，為什麼還有那麼多人失敗？

在網路創業盛行與社群行銷興起的時代中，許多人想要「快速成功」而抄捷徑，認為成功是可以被輕易複製的。

於是到處花錢拜訪名師、聽講座、抄公式、然後完全複製在自己的事業上。

但是，實際上，真正因為這樣而獲得成功的人有多少呢？

又有多少人在參加完講座後，當下覺得收穫滿滿、充滿了希望，但實際執行時，卻遲遲不見成效，只好繼續像求神問卜般拜師學藝。

請容許我直言，其實所謂的課程大部分都只是在「聽心安的」。

請相信我，如果看完、聽完、背完整套致勝攻略，就能完全套用在各種不同產業的創業模式上，那麼世界上就不會有所謂的「創業傳奇」了。

就算是講者的專業經歷，也都是靠十年磨一劍，經過不停的嘗試與修正所累積而成的，實際上也不是讓人靠著模仿精華與背誦心法就能融會貫通的。

即便是再精彩出色的成功案例，也無法成為複製貼上的黃金致勝法則。

所以，在了解講座或書籍上看到的所謂「行銷策略」、「廣告投放」、「數據分析」等眾多技巧之前，最重要的是：「你真的清楚你的客群是誰嗎？」

即使市場經濟和行銷模式一直在改變，創造商機唯一永恆不變的法則，就是「針對顧客需求給予其想要的商品與服務」。

創業者唯有非常清楚你的顧客需求，才能知道顧客想要獲得的商品和可以接受的溝通方式，進而運用適合的策略、技巧和數據去吸引顧客的青睞與支持。

當我第一次選擇網拍女裝創業時，還只是個大學生的我，既不是服裝相關科系，也不是文案、攝影、設計樣樣都懂的行銷全才，更別說擁有所謂的「電商專業經歷」。

之所以能夠成功，靠得就只是「我很清楚我的消費族群要什麼」，並且始終專注於這一點。

直到十幾年過去了，任何人問我：「妳成功的行銷方式是什麼？」

我的答案始終如一，即便在相隔十二年後的再次創業，仍然秉持著這個原則。

我很鼓勵學習，但是學習應該是從各方面得到知識，並從自己的經驗中得到省思，在實作的過程中，不斷的成長與進步。

絕不能只是茫然的抄寫與背誦，卻沒有真正從實踐的過程或失敗的經驗中，找到最適合自己的方式。

如果你對自己的事業一點想法都沒有，你確定自己真的適合創業，帶領一個團隊或管理一家公司嗎？

雖然市場上大家討論著很多黃金公式與數據，但是我很想明白的告訴你：「創業根本沒有公式。」

所有統計出來的數據，雖然是大家成功後的結果分析，但並不是指照樣做就會成功。

黃金公式如果真的照做就能賺錢、就會成功，為什麼市場上還有那麼多人失敗？

建議你不妨先檢視自己的狀態。

「如果你花在到處聽講座的時間，比你花在思考滿足消費者的時間還多。」

「如果你聽完了課程，回到自己的本業上卻不知道該怎麼運用。」

「如果你照著這些方法執行了，業績卻根本沒有成長。」

那麼表示這樣的學習方式，對你根本沒有幫助。

這時建議你試著放慢腳步，好好徹底檢視自己的整體狀態到底怎麼了？

例如，你的目標市場近來有什麼樣的變化？

要知道，「市場走向才是你最該關注的重點！」

例如，你了解你的顧客嗎？知道他們真正想要的是什麼嗎？

要知道，「顧客才是你最好的良師！」

例如，你的員工對公司有向心力嗎？他們是否認同公司？

要知道，「如果連自家員工都不喜歡公司的產品或服務，憑什麼顧客會喜歡？」

如果你只是因為感到徬徨、無助，於是繼續報名更多的講座，尋找更強的名師，再不停地嘗試或套用不同的公式，但對公司現況並沒有太大幫助，那麼請不要花費無謂的時間與心力。

反而更應該讓自己有時間專注於顧客、市場、產品與服務上，切勿太過迷信「偏方」啊！

06

寫給最堅強的女性創業家

請愛妳所愛，堅持做自己

談到「女性創業」，我想從一部2015年在台灣締造亮麗票房的電影《高年級實習生》（The Intern）談起。

這部電影的情節，與我的真實人生，有種巧合到近乎「離奇」的程度。

在這短短的兩小時電影中，就像是我當初創立「東京著衣」十年來的濃縮版自傳。

每一個畫面與情境，都讓我感觸良多。

片中由女星安海瑟薇所飾演的女主角，以自身對服裝的喜好與獨特品味，從分享流行時尚觀點，跨足電子商務領域。

並在短短的十八個月，打造了屬於自己的電商女裝王國。

她讓公司的規模迅速擴充，員工人數從個位數的小團隊成長到兩百多人。

公司也從起初創業的小房間，搬遷到數百坪大的辦公室和擁有數千坪大的倉庫。

然而，快速成功所帶來的改變，也對她的生活產生了巨大的衝擊。

首當其衝的就是沒時間與家人相處，也沒時間好好吃飯、睡覺，更別說體驗生活了。

每天都有滿滿的會議等著她下決策，就連乘車往返的交通時間，都在車上利用電話、視訊和電子郵件處理公事，也讓她練就一身同時多工作業的功夫。

而這就是我當時創立「東京著衣」後的生活狀態，並且長達了整整十年。

回想那時的我，每天都覺得事情永遠做不完，總是迫切的追求效率。

甚至，因而養成討厭所有與「慢」字相關的人，例如無法忍受說話慢、動作慢或反應慢的人，以及任何浪費時間的行為。

像是電影中有一幕，安海瑟薇在辦公室騎著腳踏車穿梭在公司裡的畫面，讓我想起自己過往每天都以「小跑步」的方式，在百坪大的辦公室裡衝來衝去的模樣。

當時還真的差點買了一台滑板車作為「室內」代步工具，只為了能多爭取時間，哪怕多省下一秒鐘也好。

甚至為了節省更多的通勤時間，我選擇了更為極端的方式，那就是「直接住在公司裡」。

好讓自己一起床就能馬上開工，一開房門就是辦公室，不用變換環境、不須更換地點、省下通勤時間，甚至連搭電梯上下樓都免了。

直接將「工作」與「生活」結合在同一個空間裡，以利充分把握每一分鐘。

而我同樣也和片中的女主角一樣，擁有追求完美、注重細節的性格，因為不放心將事情交給別人，於是堅持凡事親力親為，卻也因此不小心讓近身的員工覺得不被信任與重用。

也因為太專注於工作與決策，經常忽略了稱讚與關心他人，使得與人之間的互動，只剩下公事上的交談，而缺少了情感與信任上的累積。

時間久了，員工們都知道，「只要沒聽到老闆的抱怨」就等同是種肯定。

但若想獲得老闆的讚美與肯定，就別癡心妄想了，因為只要一旦有個細節沒處理好，就會立刻被老闆嚴格地緊迫盯人到改好為止。

就這樣，只專注於做事，而忽略了做人，於是「龜毛」、「機車」、「冷漠」等形容詞，便成了一般人對我們的印象。

就像是電影中安海瑟薇出現的第一個畫面，就是客串客服人員親自接聽顧客電話，從中了解消費者的需求與消費體驗是否良好。

甚至充當「秘密客」訂購自家商品，藉此抽查倉庫出貨的包裝方式，是否符合應有標準。

看著身為創辦人的她，特地撥空到倉庫裡親自向包裝人員示範她心目中完美的包裝方式。

當她對著同仁說：「我們的包裹必須讓客人收到時，有種像是拆禮物般的感覺。」

那一刻，我突然有種像是被「電」到一樣的感覺。

沒想到，我跟劇中角色竟然做過那麼多相同的事，以及說出一模一樣的話。

然而，這樣努力付出而在事業上獲得成就的女性，也如同電影情節般逃不過面臨同時兼顧婚姻與家庭的人生考驗。

就像我每次接受媒體採訪時，都會被問到的問題：「請問妳是如何維持工作與家庭間的平衡呢？」

有趣的是，幾乎沒有人會問成功的男性創業者這個問題，彷彿這對男性來說，從來都不是困擾。

但是，對於事業傑出的女性，人們仍然期待她必須同時也是個好妻子、好媳婦和好媽媽的刻板印象。

即使事業上的表現再出色，當她回到妻子或母親的角色時，不論在家務或廚藝上的不擅長，以及對比家庭關係經營的相對奉獻度時，卻經常遭受批評與責備。

電影中，安海瑟薇某天早晨送女兒上學時，因為平常事業忙碌，無法積極參與孩子的學校活動，而被其他媽媽投以異樣的眼光看待。

當下看了真的有種「女人何苦為難女人」的諷刺感。

雖然是很多電影裡老套的劇情，但確實是這個社會至今仍無法改變的性別歧視。

每當事業有成的女性，婚姻關係亮起了紅燈，人們大多刻板地認為：「肯定是這個女人性格上太過強勢，對老公不夠溫柔體貼才造成的，就算是男人出軌也是逼不得已的，何錯之有呢？」

相反的，如果男性因為事業而忽略了家庭，大部分的人則會說：「這是應該的，男人就是要以事業第一嘛！這一切都是為了家庭，老婆和小孩都應該懂得體諒才對啊！」

而職場男性只要偶爾抽空當個半日好爸爸或好老公，就能輕易獲得人們的讚賞，甚至還可被封為難得一見的「新好男人」。

同樣的狀況，換成是女性時，為何就完全不一樣了呢？

電影裡，當安海瑟薇面對婚姻出現危機，陷入進退兩難的抉擇與自責時，片中扮演安海瑟薇貼身助理、年屆七十歲高齡的「高年級實習生」勞勃狄尼洛告訴她：「婚姻與家庭的問題，絕不該是妳太認真工作的報應，妳不需要因此而感到自責。以及，做正確的事情，絕對不會有錯。（You're never wrong to do the right thing.）」。

於是我們明白，千萬不要因為別人的批判或社會不公平的期待，而迷失了自己。

所以，堅強的女性創業家們，「請愛妳所愛，堅持做自己。」

07

給新創企業與投資者的忠告

相信自己，堅持初衷

在上一篇提到的《高年級實習生》這部電影裡，還有一段劇情也令我覺得相當巧合，而且值得探討。

電影中，由安海瑟薇創立的女裝電商王國發展到了一定規模後，投資人認為公司的高速成長，已經超過這位年輕創辦人的能力負荷，決定尋找更有管理經驗的資深 CEO 來取代她。

即使她認為，新創公司之所以能高速成長與成功，就是因為它是與過往不同、全新建立的模式；也因為是自己一手打造出來的新事業，所以每一個環節和相對應的做法，只有自己最清楚，而無法全部交出去給他人執行。

更因為受到市場歡迎，導致公司的業務量越來越龐大，而使得自己和團隊看似忙亂無章，其實是以一種不同的模式與節奏向前邁進。

當她認為：「這不是本來就很合理的狀況嗎？怎麼反而卻被質疑是她在管理上的能力不足呢？」

這時的她，充滿了不安與疑惑，更不知道自己一手創立的公司，若由其他人來代替她做決策，該如何貫徹與發揮她的創業初衷及理念？

面對即將失去公司的主導權，讓一向堅強冷靜的她備受打擊，甚至因此失去了自信。

這時，片中扮演其助理的勞勃狄尼洛，一個充滿智慧又細膩溫暖的角色，在她茫然失落時，對她說了這段話：

「千萬別忘了短短十八個月會有這家公司的存在，是誰辦到的？」

「我看到了妳親自示範怎麼摺衣服、包裝，相信我，絕對沒有任何一個人會比妳自己更用心的經營這家公司。」

勞勃狄尼洛適時的打氣與鼓勵，讓她重新找回自我肯定與價值。

這位年邁的老紳士，縱然擁有豐富的工作經驗與社會歷練，但是從不倚老賣老。

他穩重圓融的處事態度，雖然與網路公司的快步調與行事作風格格不入，卻是這家重視效率的新創公司裡，以及安海瑟薇這位年輕創辦人最需要的安穩力量。

不論於公於私，面對任何一個需要他給予建議的晚輩，他總是靜靜地傾聽，絕不貿然推翻或一昧強硬説教、妄加評判，更不會出現瞧不起年輕人，或看不慣新創公司運作模式的姿態。

而是在充分理解與尊重的情況下，提供自己的專業或經驗，引導對方釐清問題、尋找解決方案，並將最後的決定權交給對方。

這樣的良好互動方式與觀念，我覺得是一家新創公司的空降 CEO 和專業經理人，或是外聘僱問，甚至是投資人，都應該擁有的正確態度。尊重新創公司原有的成功模式，保留品牌的靈魂；在其經驗或專業不足之處，予以協助與補強。

而不是錯誤解讀這些不同以往的新創作法，並將創辦人的初衷與堅持，以及原有的特殊運作模式，歸因為只是一時「運氣好」的成功原因。

甚至堅持以不同產業的市場邏輯，或是過去數十年的陳舊經驗，進行推翻除權的改造計畫。

這種自認為是「導正」的介入作法，反而拔除了新創公司建立的市場優勢，扼殺了公司繼續成長的關鍵，通常結果都不會太好。

電影裡的安海瑟薇，最終選擇「相信自己，堅持初衷」，不將公司的掌控權交給他人。

而我則是在被迫離開「東京著衣」的經營團隊後，看著它原有的運作模式被大肆「改革」和強迫「修正」，而使品牌失去特色與核心價值，更遑論保持或提高市場競爭力了。

這大概也是這部電影的結局與我的真實人生最不一樣的地方了。

雖說「人生如戲，戲如人生」，現實人生往往曲折巧合，比編排好的劇本更不可思議。

而我的人生版本，也並非是皆大歡喜的好萊塢電影結局，但卻是值得讓投資人或是正在考慮被投資的新創公司，作為借鏡的最佳範例。

08

用自己的專業，走自己的路！

不要只想模仿別人的成功模式

我在2004年創立了「東京著衣」，並在2014年離開了「東京著衣」。在沉澱思考了兩年後，決定於2016年再度創立我的全新品牌「Wstyle」。失去自己一手打造的女裝王國，十年來的心血就這樣付之一炬，打擊當然不小。

但我也因此覺得自己非常幸運，人生能有機會享受第二次創業的樂趣，而且滋味更加美好。

雖然成立至今還不到兩年的「Wstyle」和當初「東京著衣」最高峰時相比，簡直就像個剛出生的小嬰兒。

現今的創業門檻、市場需求與整體大環境，對比當年更是大不相同。

但是，從「零」開始的再次新創，反倒讓我有種「砍掉重練」的重生感，能夠毫無包袱的為自己重新打造一個屬於女性的全新態度品牌。

創立新品牌的第一年，在僅有一百萬的創業資金，以及並未投入任何廣告行銷預算的情況下，靠著品牌力和商品力，以及各個面向的創新，「Wstyle」的成長比預期中還快，並在創立的第二個月就開始獲利。

這也讓我更加確信，只要秉持「創業初衷」，以及前面篇章我所強調的「創新精神」，即便時代已經很不一樣，仍然可以寫下佳績。

或許相較於「東京著衣」過去所創下年營收二十億的成績相比，可說是小巫見大巫。

但是，在如今競爭激烈且快速變化的電商市場來說，尤其是「新創公司」，靠著自己一人從零開始，在有限的資金與資源，以及不砸錢做廣告行銷的情況下，能擁有這樣的成績是非常難能可貴的。

因此，我特別將這些「重新再起、築夢踏實」的心得，歸納出四大要點，提供給正想要踏入創業市場，或是剛創業不久的朋友們參考。

掌握創業的核心價值，一心做大不如先求生存

創業初期請把握「小而美」的原則，把人力跟成本花在「最具核心價值」的事情上就好；不要老想面面俱到，最後卻什麼都沒做好。

要知道，「精實創業」的重點並不是指純粹規模小或樣樣省，而在於「精」。

擁有品牌好感度又能獲利，才是重要關鍵。

腳踏實地的先求生存再求穩定，切忌好高騖遠，急著一心求大，反而自亂陣腳，失去了基本的存活能力，最後的結果只會失敗。

只要維持核心價值，滿足顧客的需求，持續的做對事情，自然就會慢慢成長了。

當然，當規模變大之後會有更複雜的問題，經營模式也會隨之不同。

但是，先求生存，絕對不會有錯。

充分了解消費者需求，商品力才是真正的銷售力

消費者真正想要的東西，並不是看不上眼的廉價品，而是「看了想買但價格又可接受的東西」。

找到這個「黃金交叉點」才是最重要的關鍵，而非追求絕對的低價。

若以女性消費心態而言，「感到想擁有」是一種複雜又感性的綜合考量。

如果缺乏這個敏感的同理心，那麼往女性市場發展就會很茫然，也將

必須面臨較多挑戰，或被迫花更多預算在行銷操作上。

而這一點舉凡女性品類都適用，誰叫「女人心海底針」呢？

此外，「產品一定要好」，這是最基本的！

擁有好的產品，才能吸引消費者的眼光，創造第一次消費，進而累積第二次、第三次的回購，也才有可能引起自發性的口碑宣傳。

千萬別以為：「產品不重要，會行銷就好了！」

要知道，商品力才是真正的銷售力。

不過，我想提醒一下，這裡所指的「產品好」，是指「符合其價位與價值」的好，也就是你的客戶族群所認同的好。

而非追求在各方面都好到極致，否則光是創業初期，就會讓你血本無歸，連當下生存都撐不過。

保守測試驗證，善用內容行銷吸引精準客群

創業初期建議先保守測試市場，不要貿然將過多的資金投注在各項軟硬體設備或人力上。

一定要確定各方面績效符合預期後，再做更多資源的投入規劃。

尤其在「內容電商」的社群時代，對新創業者其實是非常好的時機與強大的武器。

既可以在銷售前花一點時間研究同業的市場反應，也可以同步透過自身的社群內容經營，觀察消費者的回應。

搞清楚什麼才是消費者感興趣的內容與需求後，再進一步擬定正確的溝通策略；並且不停地測試和驗證，找出最適合自己的行銷模式，而不是急著想要賣東西。

初期請先投注必要的時間成本，用心經營社群內容，與消費者進行互動與溝通。

此外，我想特別強調一點，所謂的「內容行銷」，務必符合自身的品牌調性，並且持續專注於吸引同質性的精準客群。

如此一來，吸引流量的成本才會低，也才能聚焦在真正會購買的目標客群。

而不是只追求表面的粉絲數或按讚數，瘋狂地砸錢下廣告，在「看似很受歡迎」的模樣底下，其實互動率超低，既無法累積品牌的好感度，也沒能帶來實際營收。

這樣表面風光的錯誤心態，其實對品牌來說只是「賠了夫人又折兵」的做法。

擁有態度和懂得取捨才有未來

不論是任何一種創業模式，想要打造品牌，就一定要有態度和有所取捨。

如果不願意犧牲一些眼前看得到的利益，就更得不到未來。

再度創業的我，在現階段做了很多事情，其實都在放慢成長腳步。

這句話乍聽之下好像很沒道理，也有點弔詭，可能甚至有一點狂妄，但請先聽我娓娓道來吧！

以我第一次創業的「東京著衣」為例，當時所鎖定的族群是80%的大眾化女性消費者，自然吸引不了另外20%中高端消費者的青睞。

但是，第二次創業的「Wstyle」則是主攻中端消費者，相較於「東京著衣」以前的大眾化，「Wstyle」在商品的選擇上，有相當比例是鎖定具有設計感的商品，維持品牌風格的一致性。

因此，我也必須為了現在的客群，採取應有的堅持，捨去迅速成長的經營方式。

「Wstyle」的第一年，行銷策略上，我採取「全年無折扣」的拒絕促銷模式。

銷售通路只設定自有官網，不到其他網購平台開店搶攻市佔率。

更不為了衝刺粉絲數在粉絲專頁下廣告，為的是能得到真正喜愛你，而不是受到廣告吸引而來的死忠精準受眾。

為了實踐品牌態度，更顛覆了網購女裝既有的商品包裝模式，捨棄成本低又方便包裝的破壞袋，而是將每一件商品細心摺好，運用紙材完整包覆、噴灑上獨特的品牌香氛，再放入精緻的高磅數紙盒中。

這種外界看似「低效率、低產能」的包裝方式，光是包材與人力成本相較於其他同業就高了幾十倍。

為了是將「Wstyle」的品牌態度投注在商品與服務的精緻度上，創造開箱那一刻所感受到的美好，那才是最「無價」的感動。

這些令人覺得匪夷所思的事情，都是為了創造美感與氛圍，並且與我所訴求的品牌態度是相同的，對我來說，絕對是非常必要的投資。

即便因為上述的取捨，使我無法獲得業績上的驚人成長，但卻是我要堅持的品牌理念和長遠經營的目標。

所以，我想再次提醒創業者，絕對不能貪心，為了大小通吃，而把自己的品牌搞到四不像。

要知道，消費者是很聰明及敏感的，當你一旦喪失了原本的初衷，很快地就會流失原本支持你的客群，自然也會失去原先能讓你長久經營的獲利模式。

最重要的是，不要只想模仿別人的成功模式，

請堅持自己的專業，創自己的格，走自己的路。

2

品牌

09

你真的了解什麼是「品牌」嗎？

先除去對「品牌」的錯誤認知吧！

第一篇談完了「創業」，接下來我想藉由幾個概念，循序漸進的和大家聊一聊「什麼才是品牌」？

首先，你對於「品牌」的認知是什麼呢？

你是否以為，只要開了一家店，接著取了店名，再請人設計 LOGO，然後製作招牌、印製名片或宣傳單，差不多就能稱為「品牌」了？

但這樣做頂多只能算是開門做生意。

有人則是認為，只要產品是由自己生產或製造，並將 LOGO 印到產品或包裝上，然後上架到知名通路，讓大家都能輕易看到和買到，就可以算是品牌。

即便如此仍然不能稱為品牌，比較像是製造商將產品鋪貨到通路商進行銷售。

我也聽過另一種說法，所謂的「品牌」，必須擁有廣為人知的知名度才行，所以一定要花錢找明星代言人、做電視廣告宣傳，這就稱得上是「知名品牌」了。

以上這些舉例，大概是大眾對於「品牌」最常見的錯誤認知與迷思。

其實上述對於品牌的認知，大多只是營運面的操作方式，和是否成為「品牌」並沒有直接的關聯。

近年來，台灣自創品牌的風氣很盛，卻很少人去正面討論，到底怎樣做才能被稱作為「品牌」。

因為長久以來大多數人的認知都是只要將產品打上自己的商標，在店門口掛上招牌，就等於是在做品牌了。

以這個階段來說，我們稱為這是「開了一家店」。但是，距離被稱之為「品牌」，其實還有很長的一段路要走。

因為店名跟品牌，在程度上是完全不同的事情。

那麼，為何都開了店，產品上也放上自家商標了，還不能夠被稱為品牌呢？

重點就在於，所謂的「品牌」，必須具有文化、內涵和中心思想。

開店賣東西，並不等於就是在做品牌。

如果消費者看到你、想到你，都大概能說出這是賣什麼的、曾經在新聞有看過、好像很有名，充其量只能說，這是一家頗有知名度的商店，並且已經跨出成功的第一步。

但是，如果想要從「商店」成為「品牌」，你必須持續性地和消費者溝通，這個品牌是為了什麼而存在。

這裡所說的「持續性」，並不是靠一時的砸廣告幫消費者洗腦。

而是必須讓品牌的中心思想，滲透到你所做的每一件事情裡，並且不斷被傳達出去。

直到消費者都能夠了解與認同品牌背後所要傳遞的精神與價值時，才能夠真正成為所謂的「品牌」。

換句話說，品牌的關鍵在於「無形的價值」。

這個無形的價值，可能是一種氛圍、一個感受；也可能只是一種思維或是意識形態，很難被具體形容。

所以，自然不可能會是前面所提及的，單靠招牌、包裝、廣告等有形的物質就可以傳遞的。

說到這裡，大家可能會覺得，既然「品牌的無形價值」是無法單用言語具體說明的，談論起來未免太過虛無飄渺，而無法理解究竟該怎麼做才好。

其實，這個最難以理解的點，正是一個「品牌」最具有強大威力的核心所在。

如果真的想好好經營品牌，必須得先好好瞭解它。

希望接下來的章節，能夠幫助你一步一步釐清對於打造一個「品牌」，所須具備的正確觀念。

10

清楚品牌定位才能抓對精準客群

你真的知道你的目標客群是誰嗎？

創業者想要打造一個「品牌」，不論是實體通路或網購通路，最重要的事，就是在一開始決定你的「品牌定位」。

到底什麼是「品牌定位」？品牌又該如何被定位呢？

簡單的說，就是「你希望是什麼樣的消費者來購買你的商品」？

而這又跟「目標客群設定」有著極大的關聯性。

唯有能夠清楚地描述你的目標顧客，才能夠進一步去深入了解顧客的需求，並將時間、心力與資金，聚焦在創造顧客真正想要的產品與服務。

在現今競爭激烈的市場環境，對於一個創業者來說，最可怕的就是完全不知道自己的品牌定位和消費客群在哪裡，卻已經急著想要開門做生意。

這樣的情況，可能連生意都做不好，更何況做品牌呢？

又或者只是概略的抓了一個既籠統又模糊的設定，連自己都不清楚消費客群在哪裡，導致在產品選擇和行銷目標上都抓不到重點。

例如，不論是實體通路、網購通路甚至電視購物來說，多方數據都顯示，女性消費占了極大的比例。

因此很多人都想要做女人的生意，不論是服飾配件、美妝保養、居家用品、保健食品等。

但是，在品牌定位時，卻只定義自己的客群大約是幾歲到幾歲區間的女性，或是超籠統的「上班族」或「輕熟女」等界線模糊的族群。

如果要你說出，自己的顧客大概是什麼樣子的人，你會怎麼形容呢？

大部分人可能會說出以下的描述：「25歲至35歲的上班族女性」，或許還會加上「喜歡逛街購物」以及「對流行和打扮有興趣」，便認為這是很精準的目標族群設定了。

但我必須說，這就是非常模糊、而且幾乎沒有任何意義的客群設定。

完全沒有將這些女性的收入、消費心態和生活型態一併列入考量。

偏偏女性又是心理最複雜的生物，光是年齡、所在地區、職業與收入、家庭狀況（單身或已婚、有否育兒）、性格、身高、體型、膚色等外在條件特徵，到生活作息、生活態度、興趣嗜好等內在的深入描述。

任何一個項目，就可能會造成完全不同的消費需求。

若單純只用性別和年齡來做區分，恐怕沒有太大意義。

如果將剛才提到的模糊客群，修改為「年齡在25歲至35歲，住在都會區，收入35K至50K，較為要求質感，對流行敏銳度高，體態良好，追求個人風格的現代女性」。

或者是「30歲至40歲，大約在28K至45K，已婚有小孩，將重心擺在家庭，收入有部分預算分配給孩子，追求簡單方便的忙碌職業婦女」。

或許這兩個族群都可輕易被歸類為所謂的上班族女性，但如果將她們的生活型態列出來，是不是會發現這是兩個完全不同的客群，因此在購買商品的選擇上，應該會有很不一樣的選擇呢？

如果你只是模糊地定義自己的顧客，不做出這麼清晰的區隔，那麼在經營層面上，不論是產品設計、行銷方式或社群內容溝通，便會產生好像這個也應該做、那個也應該做，這個方法應該可以試試看，那個方法或許也行的情況。

每天忙得像無頭蒼蠅，換到的卻是事倍功半。

就是因為在品牌定位和目標客群的部分，沒有做好明確設定的關係。

導致品牌顯得面目模糊、缺乏個性，所做的每一件事，抓到的可能都是不同的客群，當然很容易讓自己處於混亂的狀態。

如果用上述舉例的目標客群來檢視自己，你是否清楚自己的品牌定位，在市場上是屬於哪一種呢？以及你的目標族群又是怎樣的人呢？

打造品牌之前，請先聚焦在品牌定位和明確客群，一旦目標清楚，在行銷策略、價格定位、通路選擇、包裝設計、商店裝潢或網站設計，都會產生完全不同的差異性，後續的所有經營與操作，也才有正確的遵循依據。

11

誰才是你「真正的」顧客？

千萬別想取悅所有人

無論多受歡迎或人氣再高的品牌，都不可能沒有負面評價。

尤其身處網路時代，隨便上網搜尋，每一個品牌有人誇好，就一定有人說壞。

例如，以我所創立的「東京著衣」來說，若上網搜尋，可以找到不少評論。

其中，有許多負評，都是對於「衣服品質不好」的抱怨。

撇除少部分商品的瑕疵問題不談，其實許多所謂的「品質不好」，都跟消費者的預期心理有關。

比方，如果你花了 190 元的價格，卻期待擁有 1900 元的品質，當然很容易就會覺得「品質沒有預期的好」。

又以流行女裝市場來說，偏好進口專櫃服飾的人，可能會覺得 ZARA 的品質好差。

習慣買 ZARA 的人，則會覺得夜市的服飾品質好差。

反過來說，習慣買夜市服飾的人，又覺得 ZARA 好貴，甚至有「光是一件衣服的價格，在夜市都可以買五件了！」的內心吶喊。

習慣買 ZARA 的人，覺得進口專櫃服飾太過奢侈，一件的價格幾乎是 ZARA 的兩倍。

看到這裡，是不是很多人會覺得，這些完全是不同的市場與族群，當然會有這樣的問題。

身為創業者的你，一定得非常了解這個重點。

但是，大部分的消費者，往往無法清楚地理解其中的不同，而會將所謂的「女性服飾」，通通列為同一件事。

於是，經常會在消費之後，才發現不符預期；而這樣不愉快的消費經驗，就變成了所謂的「負評」。

如果是來自於不屬於自己目標族群的消費者，那麼我會建議你不要太過在意了，否則很可能反而會因此做出不適合的調整。

就以我過往在「東京著衣」的經驗來說吧！

由於看到許多消費者覺得「品質不好」的評價，因此我曾經開發一個高品質的女裝系列。

從使用的布料、輔料、車工以及生產細節上，全都提升到專櫃女裝的品質，價位則提高數百元不等。

推出之後，即便我們非常強調這個系列的品質，也在商品照上盡量呈現這些高成本的細節，希望能夠獲得之前覺得品質不好的消費者青睞。

但陸續推出一整季後，這個系列並未受到市場的歡迎，反而開始在網路上出現一波討論：「最近她們的衣服變貴了！根本是偷偷漲價！」

這個時候，我心裡大概有了一些想法。

為了確定這個想法，我特別找了一批長期購買的忠實顧客，將這個新系列尚未發表的新品與其他商品混在一起，並在不公布售價的前提下，請她們寫下最真實的評鑑。

結果我發現，這些很花成本的「高品質」部分，其實這些忠實顧客是並不在意的。

而在公佈價格之後，她們更加覺得：「那買原本的就好了，實在沒必要買比較貴的新系列！」

因此印證了我心裡所猜想的，大部分對於品質不佳的評價，其實是來自於「原本就不屬於你消費族群的人」。

於是，我又回頭去分析那些網路負評，發現的確有許多人拿 290 元和其他同業 580 元的商品，來做品質上的比較。

只因為都購自於網路女裝，而忽略了價位上的差異。

殊不知光是一百元的末端價差，套用在生產成本上，就可以產生極大的品質差別，更何況是兩倍的價差？

甚至，我還看到不少是拿來跟上千元的專櫃女裝做比較的。

這些，都是不夠客觀的評論。

如果你身為消費者，那麼我會建議你先確認清楚自己的需求與對於品質的要求。

並且綜合可負擔價位的考量，尋找適合自己的品牌做購買，其實就能盡量避免期待上的落差。

如果你是創業者，我會建議你別太在意來自「非目標族群的評價」，而是應該專注於滿足真正屬於你的顧客需求上。

否則很可能會因此浪費不少時間與成本在錯誤的方向調整上。

最後，我想給每一個想創業或正在創業的朋友們一個良心的建議：「請學會忽略不客觀的批評，千萬別想取悅所有人！」

12

你販售的是「產品」還是「價值」？

「品牌知名度」並不等同「品牌價值」

一個產品的好壞，絕不是創業者自己說了就算，而是要能獲得消費者的認同。

所謂的認同感，則來自於我們常聽到的「品牌價值」。

然而，「品牌價值」並非一朝一夕能夠建構而成。

也許你能用很快速的方式，例如砸下大筆的廣告預算，用各種不同的行銷手法和管道，在短時間內提升品牌的知名度，使其廣為人知。

但是，殘酷的是，「品牌知名度」與「品牌價值」是完全不同的兩碼事。

當然，對於打造品牌來說，品牌知名度絕對是重要且不可或缺的一環，卻也同時具有「水能載舟，亦能覆舟」的巨大風險。

在提升品牌知名度之前，若無法創造令人認同的價值時，品牌很有可能因此更容易且更快速地遭到消費者的否定，反而成為加速品牌邁向毀滅的雙面刃。

所以，我想提醒每位創業者，如果真心想要做品牌，在你打算砸錢買廣告、導流量、找代言人來增加自己的品牌知名度之前，請務必先確認，對於消費者來說，你的品牌能夠為顧客帶來什麼樣的價值。

那麼，什麼是「品牌價值」呢？

「品牌價值」，來自於對品牌定位的堅持。

當你越能堅持你所創立的品牌初衷時，品牌價值才會一點一滴的累積。

看到這裡，如果你已經是創業家，請先思考以下這個問題，在你的心中是否有答案。

「消費者能否因為支持你的品牌、購買你的商品或服務，而得到什麼新的想法與觀念呢？甚至能夠創造出更好的生活方式？」

如果你的答案是「除了得到商品與服務外，並不會改變消費者的生活型態，也不會帶來什麼想法或觀念上的改變。」

那麼我會說，你目前尚未擁有所謂的品牌價值。

也就是說，現階段的你，只是在「做生意和賣東西」，距離「做品牌」這件事，還有很長一段路要走。

讓我舉幾個大家熟悉的國際知名品牌來說明吧！

你會發現這些頂尖品牌，都是從「信念」、「精神」和「態度」作為出發點。

也就是說，除了商品外，這些品牌更著重於無形的品牌價值上，並將這些理念變成一句句簡單易懂的標語。

「毫不畏懼，挑戰自我極限」——Nike

「盡一切可能，讓事事皆可能」——APPLE蘋果公司

「無時無刻，帶來夢想與歡樂」——迪士尼

例如，全球著名的運動品牌「Nike」，最為人所知的「Just Do It」，所要傳達的是一種「勇於自我挑戰的信念」。

而「信念」這種無形的價值是無法被販售的，只能透過持續地溝通來傳遞與提倡；「Nike」所販售的運動商品，只是用來具體實現這種精神的媒介。

當你被某個品牌說服某種價值感受，你就會連同該品牌一起認同，進而成為充滿熱情、不輕易叛逃的品牌擁護者。

由此可知，品牌價值並非一蹴可幾。

我認為，必須在品牌創立的最初階段，就要確立正確的品牌定位。

從顧客的心理需求上，找出品牌特有的個性，從而在消費者心目中，佔據一個「有價值」的位置，才是根本之道。

透過長時間的累積與證明，從思想、觀念及感受等情感層面，持續刺激和影響消費者，品牌價值才能慢慢顯現。

更重要的是，品牌價值一旦確立後，就必須堅持下去，毫不動搖，更不應隨意變動。

如同一旦許下承諾，就必須透過不斷地具體實踐，才能獲得消費者的有感體會。

因為品牌販售的不單只是商品規格，而是商品背後的品牌價值。

很多時候，消費者是因為這樣的認同感，購買該品牌的商品。

當人們是因為「真心喜愛」而進行購買，而非被「折扣優惠」所吸引，才是讓人跳脱出價格比較，轉而追求心中的價值，這就是品牌價值的魅力。

這樣的邏輯思維，更早已在歐美市場普遍被運行與推廣。

很可惜的，因為在台灣建立品牌價值，是一條長遠而艱辛的路，需要耗費企業更多的心力、資金以及時間，卻總是被忽視。

你販售的是「產品」還是「價值」？好好思考一下吧！

13

品牌精神不能只是光呼口號

深植人心的重點在於執行力

我經常聽見很多想要或正在創業的人，高喊著要「做品牌」，也有很多企業不斷地強調著「品牌精神」和「品牌訴求」。

但是，真的能成功執行的人其實非常少數；而且執行起來，也並不容易。

尤其當智慧型手機和 Facebook 這兩項革命性的產品與社群媒體，普及於人們的日常生活後，品牌訊息的散佈，早已從傳統媒體的單向傳播，轉變成與消費者的雙向對話。

因此，無論是公眾人物或是品牌本身，都會因為「資訊的透明化」而更容易被反覆檢視。

當你傳達著品牌精神和使命的同時，消費者也正透過手上的資訊接收工具，來檢視過往你做過的所有舉動，是否符合你所標榜的一切。還是只是將品牌精神當作呼口號般的帶過，卻沒透過行動具體實現你的承諾。

例如，老是主打「我最便宜」的通路品牌，如果顧客每次去消費後，都發現其實自己買貴了。除了很可能從此再也不去購買之外，往後對於這個品牌的任何廣告與訴求，更再也不會相信了。

或是，強調「提供最親切服務、最尊榮享受」的店家，讓顧客期待滿滿的上門時，卻在實際體驗後完全感受不到店家強力主打的訴求。反而帶回了更深的失望，甚至忍不住到店家的粉絲專頁、或在個人臉書上打卡抱怨，留下負評以示抗議。

這些只是將品牌精神當作口號和行銷標語，實際上卻沒有貫徹執行的品牌與店家，隨著每一次的顧客上門消費，同時間一點一滴地失去消費者的信任。

嚴重的話，還可能產生龐大的連鎖效應，在一夕之間摧毀你的品牌。

請明白，光憑一句Slogan（品牌標語）就能打動人心的時代已經過去了！

品牌精神與品牌經營理念、經營者對品牌的想法與願景，都和品牌的發展有關。

如何將這些抽象無形的概念具體傳達給消費者，並且經得起時間的考驗，是打造品牌最重要的課題。

不論何時何地與做任何選擇時，都必須將品牌精神視為「企業的緊箍咒」一般當成最高指標。

果斷地決策「什麼事應該做，什麼事絕對不能做」，避免犯下前後不一或說一套做一套的自我打臉錯誤。

因為抵觸品牌精神所造成的損失，是事後花再多的代價，都無法彌補的。

想要打造一個動人而成功的品牌，請務必讓品牌實際的模樣，從內而外完全符合你所傳達的品牌精神與訴求，才有可能在消費者的心中佔有一席之地。

以我兩次創業的品牌「東京著衣」和「Wstyle」為例。

過去創立的「東京著衣」，品牌精神是滿足大眾女性對於快時尚平價女裝的需求。

所以在品牌定位、商品品項和售價、銷售通路與企業文化，都以此為核心訴求。

而再次創立的全新品牌「Wstyle」，則是為了傳達更有自信的女性生活態度、美感和風格而存在。

兩者的品牌精神不同，經營方式當然也就截然不同。

現在的我還是從事自己最喜愛的流行女裝，但隨著自身的人生歷練，除了提供女性消費者服裝方面的選擇外，更想要傳達一個很重要的觀念：「如何成為更好的自己！」

身為女性及服裝產業的一份子，我希望能從腦海裡改變女性的思維。

讓消費者在購買喜歡的商品之前或當下，能同時聽見我想要傳達的想法，這是與銷售本身無關但卻更為重要的「女性生活態度」。

其中包含了女性如何對自己更好的生活方式、心理層面、思考邏輯、甚至是購物觀念等價值觀的訴求，這是與過去在經營「東京著衣」時最大的不同之處。

所以，「Wstyle」不會出現「約會必勝戰服」或是「情人節穿搭特輯」等行銷用語。

因為我希望每一位女性都應該懂得「做自己」的重要性。

穿衣服是為了自己，而不是為了「取悅別人」穿衣服。

如果妳在乎哪一款衣服最能修飾身材，那妳更應該清楚了解自己的身材比例，知道最適合自己的衣服類型，而不是連自己的三圍、肩寬、鞋碼都不知道。

我所打造的這個品牌，就是在對女性傳遞「生活態度」。

所以，我選擇不以「銷售」為目的的行銷方式與客服回覆，來徹底落實品牌精神。

也可以說，品牌精神就是讓你綁手綁腳的緊箍咒，而且必須經歷長時間的考驗。

表面上看似流失大眾客群，其實反而是種「自然篩選」的機制。

這不叫失去，而是「吸引力法則」。

請認清，經營品牌和經營人生都一樣，從來沒有「全贏」和「順便」這種事。

任何事都應該有所堅持，也必須懂得「選擇」的重要性，並且勇於取捨和落實品牌精神，才能擁有高度認同感和忠誠度的品牌擁護者。

14

不做品牌，只會淪為削價競爭

用網路「賣東西」的時代已經逝去了

近幾年，零售業的業績真的只能用「哀鴻遍野」來形容。

以往所謂的「市場不好」，通常大多是指實體通路的反應不佳，但是電商市場仍然持續成長的情況。

不過，這幾年，似乎不論實體或電商，情況都一樣慘烈，甚至還有「電商寒冬」的說法。

過去在電商市場裡所謂的成長瓶頸，大多來自於中高價位的廠商，以低單價商品為主線的廠商大多仍可繼續成長。

但是，近幾年即使是衝低單價的廠商，業績表現也都出現了停滯狀況，甚至是負成長。

於是，中價位廠商大幅增加廣告預算，同時降低價位，搶攻低價位市場。

而低價位廠商除了繼續降價外，也不斷增加各種折扣促銷方案來吸引消費者購買。

這麼做是否真的達到了刺激消費、扭轉局勢的效果呢？

老實說，我對於這種做法是否會有任何幫助並不樂觀。

因為效果不彰，只好繼續降價、促銷、打廣告，折損過多毛利的結果，即便業績有成長，但卻毫無獲利，如此只會不斷地造成惡性循環。

這樣的情況，不禁讓大家疑惑，現在的市場到底怎麼了？

這麼說吧！在網購市場剛興起的那個年代，只要將產品放上網路販售，只要賣相不差、價位便宜，幾乎沒有賣不動的東西。

於是你做、我做、大家做，競爭激烈的情況下，售價從390元變成190元，再往下到99元，有時甚至還看到59元這種驚人數字。

這樣的下場導致了毛利與淨利越來越低、行銷費用越來越多、競爭門檻越來越高，但業績卻是越來越難提升。

難道，「電商×低價」的市場發展優勢，已經不復存在了嗎？

我會說，用網路「賣東西」的時代已經過去了！

現在已經走到了必須從「根本模式」做改變的時候了！

追溯到十幾年前，從最早的Yahoo拍賣開始盛行時，造就了許多年營收破億元的大型賣家。

有很大部分的立基點是因為搶得了「便宜、方便、有趣、新鮮、好搜尋」等與傳統零售業不同特點的先機。

可是，當原有的特點如今都成為理所當然的條件與購買管道，電商網購擺脫了消費者的不信任感、不方便性或不擅使用等劣勢時，上網買賣東西，簡直就跟逛百貨公司或大賣場一樣簡單自然。

當網購也成為購物最方便也最省事的一種方式，甚至漸漸成為許多人的消費主流。

大家不再像電商網購的發展初期，只因為東西便宜、感覺新奇，才上網買東西了。

以前「只要便宜和方便購買就是無敵」的優勢早已不在，如今「不能只是便宜」就能存活。

加上電商的迅速演變與不斷進化，網路開店平台或服務機制越來越簡單和普及化。

以及 Facebook、Instagram 等社群媒體的影響力越來越大，人人都可以成為網拍賣家，自媒體的時代，每個人也都可能變成擁有高流量的人氣網紅。

當市場機制越來越成熟且競爭越白熱化時，行銷與流量的成本就會越來越高，利潤不停降低的狀況，只會越來越嚴重。

就像這些年來，就業市場的轉變一樣。

在三十年前，若擁有大學學歷、或是外語能力，甚至考取多張專業證照，就等同握有求職保障。

但是，當這些優勢已成為現今就業市場的基本條件時，如果沒有可以拿來作為吸引老闆目光的加分項目時，恐怕就失去了求職的選擇權。

而這也是現在只想單純用電商「做生意」的廠商，所陷入的困境。

與實體通路相比，網購族群的選擇性多且比價容易，相對忠誠度自然低很多。

若只想用「便宜」當武器，就必須承受「削價競爭」的風險。

因為永遠都會有人比你便宜，除非你掌握了「最便宜」的絕對優勢！

我認為，唯有把重點放在提升商品本身的競爭力，創造並深化品牌價值，累積對品牌產生認同感的忠實客群，才是電商品牌未來能夠永續經營的方法。

15

品牌是你的！別讓他人替你做決定

創業者必須掌控品牌主導權

這一章節想繼續深入討論所謂「做品牌」應該有的正確觀念。

當你所做的是品牌，就要有所堅持，在遇到需要調整方向或測試營運方式的狀況時，必須是在不違背品牌精神，而且創辦者本身非常明確並篤定的前提下才能執行。

此外，永遠都要記得，品牌是你的，千萬別讓他人替你做決定！

「品牌創業者一定要掌控品牌的主導權！」

不過，請將重點放在「做決定」這個關鍵字。

所謂的「自己做決定」，並不代表要你把耳朵塞起來，一意孤行地不接納任何意見。

而是提醒你，身為一個品牌創立者，尤其是新創公司的創業者，一定會面對許多人提供所謂的各種建議。

但是，你必須要綜合多方說法後評估考量，並且清楚區分什麼是「立意良善卻毫無幫助的雜音」，什麼是「符合你需求的專業建議」。

到了必須「做決定」的關鍵時刻，應該由你自己做出可以全權負責的決定。

畢竟，品牌是你創立的，做了決定後的未來，是好是壞都要由自己承擔。

既然如此，為何要去承擔一個不是你自己下決定的後果呢？

舉一個當時我在「東京著衣」的實例，供大家參考吧！

曾經有個與知名電信業者的異業合作，提案內容是「只要加入該電信業者會員，並且購買該公司所主打的萬元手機，就能免費獲得東京著衣的兩千元購物金。」

實際上購物金的成本是由異業合作的電信公司所吸收的，也就是對「東京著衣」來說，除了協助宣傳此活動外，其實不需要負擔任何成本。

當時公司的所有主管都贊成這個企劃案，只有我一個人反對。

大家都覺得，只要透過這家異業送出購物金就可以引來消費，購物金也不是由公司所需負擔的，我們既不用付出成本，又可以得到新顧客來消費的機會，這不是太好了嗎？

加上這家電信業者擁有很高的知名度和全台龐大的會員數量，這對於當時的我們來說，除了能瞬間增加曝光度外，更是一個可以接觸到更多潛在顧客的機會。

怎麼想似乎都沒有什麼壞處，看似就是一個完美的提案呀！那麼，我到底為什麼要反對呢？

我考量的原因有以下幾點：

目標族群廣大卻不精準

雖然這家電信業者擁有超過百萬的龐大會員，但是因為服務的內容廣泛，所以會員包含了男女老少，客群並非「東京著衣」長期經營的年輕女性網購族群。

實體與網購通路的差異性

由於該電信業者宣傳此合作案的方式，是透過全台實體店面的海報與傳單，而沒有任何與網路相關的活動宣傳。但「東京著衣」卻是一家不折不扣的網路公司，所有的產品與服務都需要透過網路完成。

因此，我判斷即便透過實體通路贈送異業的網路購物金，也會因為跳失率過高，導致成效有限。而且當時能夠購買萬元手機的中產階級，我猜想大部分應該是還不熟悉網購的實體通路族群。

對原有顧客毫無誘因

我認為該電信業者所推出的高價手機方案，對追求平價時尚的網購年輕女性並無吸引力。即使我們以「贈送高額購物金」為誘因，對自己的會員宣傳這個活動，邀請她們加入異業的會員，成效應該也不會太好。

畢竟，實在沒必要為了獲得兩千元的購物金而購買一支萬元手機，還不如直接花錢買衣服就好。

即便我對這個合作案持反對意見，但是眼看著所有人都躍躍欲試，最後還是放手讓大家去嘗試了。

最後，活動跑了幾個月後，成效果然非常的差。

即便該知名電信業者擁有了全台數百萬名會員，搭配全台實體通路的強力曝光，最終的合作成效竟是如此，簡直跌破了所有人的眼鏡。

原因就在於我前述所說的，目標族群不對、通路性質不同，和對自家顧客沒有誘因。

在「東京著衣」各部門主管眼中看似是個完美的企劃，公司不須負擔任何表面金額的成本支出。

但實際上為了配合這項合作，我們的設計部門配合做了許多視覺設計；IT部門也為此特別設計了專屬的購物金抵用系統；客服部門更特別做了許多活動相關訓練與宣導，這些不也都是人力成本的投入嗎？

至今我仍非常後悔，當時沒有堅決反對這個合作案的推出。

身為品牌創辦人的我，即便我早已判斷不適合，卻因一時心軟，任由別人替我做了最後決定。

之後在公司營運上，也陸續發生許多讓我更加堅信創辦人在品牌經營上，絕不能讓任何人凌駕於自己，要相信自己的直覺，更要有所堅持的印證。

因此，我想告訴品牌創業者，如果想獲得成功，堅持住品牌應有的態度，以及兼顧營運上的操作，具有一定的強勢立場與誰都無法左右的霸氣，是非常必要的。

即便每個人都覺得你很獨裁，也不要因為怕得罪人，或是想顧及每個人的感受而輕易退讓。

因為這個品牌是你創立的，是好是壞都是你自己要扛，千萬不要輕易將決策權拱手讓人。

不論遇到任何狀況，都不要在有壓力或略帶勉強的情況下，做出違背自我的決定，只要你認為不對，就堅定地說「不」吧！

16

台灣的代工轉品牌為何老是失敗？

先擺脫傳統的代工思維吧！

我其實非常鼓勵想要打造品牌的創業者，如果可以，不妨多觀察研究國外對於經營品牌的方式。

曾經，台灣因為代工製造業的品質好、成本低廉、製程效率高、流程富彈性、交期快等優勢，而獲得「世界代工王國」的美譽。

但時至今日，代工廠間廝殺後的微薄利潤，加上近年來中國、越南等東南亞國家在代工供應鏈中的快速崛起，台灣的代工產業再也抵擋不住全球趨勢及競爭的快速改變。

許多台灣企業紛紛尋求轉型，希望從代工朝經營自有品牌之路前進，試圖從微利的紅海中殺出一條出路。

但從代工廠轉型成打造自有品牌，除了原有的技術優勢外，最重要的是，必須「拋棄代工思維，轉成品牌邏輯」，才是轉型能否成功的最大關鍵。

曾經有個朋友很興奮地找我談一個合作案。

他提到自己朋友的集團，握有很強的百貨通路，還擁有大型的服裝生產工廠。

長期替歐美大品牌代工，擁有許多生產端的資源；近年還代理了不少海外品牌進台灣，最近更成立了自己的電商服飾品牌，他非常興奮地形容這一切。

不過，就在洽談的過程中，卻讓我深刻體會到，台灣的企業從代工轉型做品牌在邏輯上的迷思。

朋友說，集團長期做代工生意，生產成本其實不高，但合作的這些歐美大品牌卻可以拿去賣高價。

他們完全了解這都是因為品牌的加持，才能夠擁有這麼高的利潤。

所以他們也很聰明地做了自己的品牌，而且也知道現在必須要發展電商通路，品牌才會有更長遠的未來。

我很高興終於有大集團想用品牌的思維來做電商，因為這正是目前台灣市場最缺乏的。

於是，我當下立刻上網搜尋該集團的官網，想要同步更深入的了解。

結果卻發現，我居然找不到任何有關品牌介紹的頁面，也沒有品牌故事或品牌形象圖。

就連品牌 LOGO 也以英文草寫的方式，讓人拼不出來應該要怎麼念。

不過，倒是看到該集團的官網上，有張促銷大圖寫著：「最好的布料，最多的版型，最專業的生產⋯任選3件只要XXX元！」

這給我的感受並不像一個品牌，反而比較像是一個正在大拍賣的網路賣場。

這位朋友繼續跟我介紹，這個集團擁有生產服飾所需要的專利技術機台，還有很多特殊的紗與布料，工廠也具備國際水準，與歐美名牌長期下單合作，絕對可以控制在最低的成本。

而且，這些獨步全球的生產技術，都是別人拿不到的！

他興奮地說：「這些資源拿來做電商服飾一定很強！可以做出市面上沒有的特殊款式，而且最便宜！」

最後，我沈默了。

因為，以上，並不是做品牌的邏輯與方式。

從頭到尾所聽到的一切都仍然是以代工角度出發，而非從打造品牌的思維。

我不禁思考，台灣在代工上的生產優勢，是否反而箝制了我們的思考方向？

大部分業者在從代工轉型到品牌經營的這條路上，最難調整的部分在於，代工廠長久以「生產接單」為生意模式。

由於習慣了每成交一筆生意，就能立即算出最直接的獲利，並不習慣所謂的「做品牌」，需要花費更多的時間，投入大量資源，也未必能夠在短期內立即見效和回收獲利。

我們也總是習慣於聚焦在技術、材質、機器設備等這些有形資產的提升，更經常陷入最便宜、最快速、最多功能、最大量產的規格比較。

當然，技術與品質很重要，是奠定品牌的基礎之一，如同我前面說的，產品一定要好，才能擁有「商品力」。

但和代工製造業極為不同的是，品牌的建立是一種持續不斷的累積與內化，是無法立即被計算出來的無形價值，稱之為「品牌力」。

而這樣的無形品牌價值也是最無法被取代與最強大的資產，如果我們永遠只想要在最短的時間得到最高的投報率，就容易陷入用著代工邏輯在做著品牌的致命錯誤。

因此，若是認真想要做品牌，就請先拋棄傳統代工的慣性思維吧！

3

管理

17

領導人的風格等於企業文化

團隊想跟隨的是「人」而不只是「錢」

想要創業當老闆，就一定得面臨「領導」的難題。

無論是規模多大的公司，可能是五個人的工作室，還是五百人的大企業都一樣。

也常聽許多創業者頭疼地說：「隨著事業越做越大，我才發現，原來做好商品並不困難，領導人心才是最困難的！」

因為「商品力」可以憑靠具體的專業與技術，打造核心競爭力，贏得市場的青睞。

但是，「領導力」卻是一種抽象的能力，只能憑靠領導人的風範與作為，來影響最難捉摸的人心。

領導人的行事作風，其實就等同企業文化。相對的，一個部門主管的行事作風，就代表部門文化。

也就是說，領導人的中心思想與價值觀，甚至做事的方法，都必須與品牌相符。

許多領導人經常忘記，團隊想跟隨的是「人」，而不只是「錢」。

畢竟，好的人才人人搶，領導人所能給予的待遇與福利，未必是最優渥的。

尤其是新創公司能給予的條件，通常不會比已有規模的大企業好；甚至因為新創，相對在制度和流程上的變動性會更具挑戰。

如果只以薪資作為招聘員工的原則，永遠都有能開出更佳條件的公司來挖角，而人才也會輕易為了薪資而離去。

「為了什麼而來，就會為了什麼而走」，這是永恆不變的定律。

我認為，身為一個領導人，必須「將企業當成品牌來經營」，才能在團隊中建立信賴感，凝聚眾人的向心力，產生無形的影響力。

如此一來，認同你的人，自然會成為你的信徒，無論任何時候、遇到多麼艱難的挑戰，都願意擁護力挺到底。

當團隊為了領導人以及這個企業的精神而存在時，就等同複製了領導人與品牌的 DNA。

當整個團隊都擁有相同的 DNA 時，便能隨之建立如同品牌精神般不可動搖的價值觀，而成為了無形的管理力量，也就是所謂的「企業文化」。

企業文化一旦建立，除了能吸引認同其價值觀的人，也有可能促使原本不是這樣的人，因而受到企業文化的影響，改變其思維轉而認同。

相對的，也能自動淘汰不適任的人。

因為不認同者便會成為團隊裡的異類，而顯得格格不入，最後自動或被迫退出。

然而，「領導」針對的是「人」，而「管理」針對的是「事」。

所以，除了領導人所建立的企業文化外，企業裡有適當的規則用以管理團隊，還是很重要的。

不過，必須注意管理規則的制定，不該與企業文化產生自相矛盾。

例如，當公司講究創新突破，要求大家發揮創意的同時，卻又要希望事事按照 SOP 來控管產值，完全無法接受或嘗試新的做法，在執行事務上也墨守成規、保守封閉。

又或者是學習國外的某些企業，想要營造充滿人性化、相對自由的公司文化，但在管理制度上卻又充斥著傳統的教條與包袱，造成「想訴求的文化」與「實質運行的制度」完全對立，那就是很嚴重的衝突，自然而然不可能形成真正的公司文化，僅會淪為空談。

上述這些與事實相互違背、形同虛設的企業文化，只會讓團隊覺得諷刺與充滿不信任感。

即便是再激動人心的口號、理念和想法，如果不付諸實踐，一切都只是妄想與空談。

身為領導人的你，請試問自己平時做事的邏輯與風格，是否表裡如一，真正符合想要推動的企業文化。

而身為員工的你，也請經常自我檢視：「你能否融入企業文化？」還是仗著個人的專業與能力，扮演異類、頻頻挑戰公司，而成為團隊中的獨行俠？

如果你是後者，我會建議你在「轉換心態」或「轉換跑道」之中選擇其一。

因為無法認同企業文化的人，只會影響團隊合作和破壞整體工作氛圍，就算事情做得再好，在老闆或主管眼中，也不是「適任」的員工。

18

扁平化管理創造最大效益

精兵策略！減少無效的執行障礙

這章想和大家談談，當新創事業面對企業的成長與規模擴充，如何掌握「化繁為簡」的原則，避免掉入了「組織無用」的陷阱。

特別是身處於網路時代下的新創公司，更需要重視這個問題。

回想當初創立「東京著衣」時，是在一間只有5坪大的學生宿舍、由我自己一人從「校長兼撞鐘」開始做起。

一個人兼負商品採購、拍照、上架、客服、對帳、出貨等所有大小事宜。

然而，隨著訂單量瞬間爆增，在分身乏術又要兼顧效率之下，不得不將能委由他人代勞的工作分出去，聘請員工協助執行。

就這樣在短短幾年內，「東京著衣」從個人網拍賣家，變成了一家員工人數超過五百人的企業。

不論在軟硬體設備、團隊組織、銷售通路各方面的飆速成長，都是身為創辦人的我所始料未及的。

但我也在這個過程中，在組織管理上學到了寶貴的一課。

那就是，「扁平化管理」的重要性。

以過往的經營實例來說明，可能比較容易讓大家明白其中的心路歷程。

由於「東京著衣」的市場競爭力之一，就是週週推出超過百款以上的「平價快時尚」流行女裝，每月累積起來大概是超過千款的新品上架。

可想而知，如此驚人的新品數量與高效率的要求，所衍生的業務量將有多麼龐大。

所以，在商品的採購設計、生產製程、穿搭拍攝、美編設計、行銷通路，到庫存管理、系統開發等流程，都需要高效率與高產值的人力配置。

面對每天如排山倒海而來、源源不絕的工作量，當時的我，只想著趕緊增加人手作為解決之道。

當時想到最快的方式，就是先向外聘請高階管理人員，來掌管各個部門的業務，再讓原本各自對我負責的小組長們，晉升成各個部門的經理，再為他們增派助理，由其帶領小組共同完成事務。

從原本大家都可以直接面對我的扁平化組織，一下子變成垂直化管理。

擴編後的組織，在大部分的中階經理都沒有管理經驗的前提下，變成了「助理在帶助理」，光是怎麼帶好自己的小組，就產生了極大的問題，更造成了組織在溝通成本和人事成本上的大幅提升。

而外聘的高階管理人員，即便同樣來自於電商或服飾相關產業，也有一定的管理經驗，卻多半不了解公司內部的運作流程，畢竟，當時市場上並沒有所謂的電商專業人才，這一切對任何人來說，都是很新的挑戰。

面對跨足於電商與服飾兩大領域的公司，當時的創新流程與網路思維，使得這些高階管理人員幾乎都得重新適應，甚至得向他們的下屬學習，一時之間，管理能力也無從發揮。

原本以為能夠靠更多的人力來解決問題，卻發現成效遠不如預期。

每天花費最多的時間都不是在執行業務上，而是反覆地逐層說明與確認，使得中階管理階層變成了「傳話筒」。

又因為每個人在理解上的認知差距，導致不論是由上而下、或是由下而上所傳達的訊息都不夠精準，甚至經常出現執行上的錯誤，而浪費了時間與人力。

即便在十幾年後的今天，市場上仍舊缺乏電商人才，於是，在我二次創業建立團隊時，便決定刻意放慢腳步，採取「扁平化組織」，盡量減少管理層級。

並在選人和用人上，特別注重現今時代的高度變化，以及新創所需要的靈活應變，我非常注重員工必須具備一項最重要的特質：「那就是對任何事物都樂於嘗試、接受挑戰的無畏精神！」

我的用人哲學就是「找到特質對的人，並且把人放在對的位置。」

身為老闆，你必須比所有人都更清楚每個人的特質與能力，然後把每個人放對位置讓他們發揮所長。

好的老闆，應該是讓每一位員工發揮出他們最好的專長，甚至是發揮出連他們自己都沒發現的潛能，然後讓他們去做擅長且熱愛的事情。

如此簡化的扁平式組織，能夠建立快速、順暢的直向溝通，因應變化萬千的市場環境，以及隨時要調整變動的各項政策。

新創企業面對市場殘酷的競爭與考驗，必須想辦法用最少與最好的人力，發揮最大的效益，寧可精兵政策，也不要千軍萬馬。

19

三個臭皮匠真的勝過一個諸葛亮嗎？

創業者必須是最了解市場的那個人

在本書第一篇談到「創業」時，我曾經提到，創業者應該要選擇自己最擅長、最專業或最有優勢的領域。

但是，我發現有很多創業者，並非如此，反而是拿出一筆創業預算，接著聘請所有相關從業人員，在自己對事業都還不熟悉時，就開始了一門生意。

接著，便產生許多對自己事業上的茫然與不安感。

而這樣不熟悉自己產業或客群的創業者，則通常會藉由聘請專業經理人，或者高薪挖角專業團隊，來補足自己的不足。

團隊，固然很重要，但是我認為，創業者本身必須要有充足的專業與自信，才能夠真正的領導一個團隊。

這裡所指的「自信」，並不是指剛愎自用，聽不進任何人的意見。而是因為先天的能力，對事業的熱愛，加上後天的努力，以及對顧客的重視等，這些累積而成的能力，所產生的力量與態度。

讓你在面對自己的事業時，能夠有充足的判斷力，知道什麼該做、什麼不該做，並且擁有「當你覺得不對，就絕對不做」的魄力。

以流行女裝為例，因為「流行」是種隨時都在改變、而且無法被精準預測的趨勢。

因此，「決定款式」的設計或採購能力就決定了商品力，儘管現代有著大數據系統能夠作為輔助參考，但仍然很難做到事先預測流行的判斷。

而所謂的流行敏銳度，除了需要與生俱來的天賦之外，當然還包含了長時間的專業與經驗累積，才能練就而成「一秒判斷」的真功夫。

例如過往的經驗，透過數據統計發現，我對於商品開發或採購，幾乎能夠達到「90％熱銷款，10％庫存款」的精準預測。

相較於市場上，卻可能是「10％熱銷款，90％庫存款」的相反情形，因而在網購流行女裝的市場成績，自然高下立見。

比起服裝專業、生產技術或者網路上的行銷策略，「知道消費者喜歡什麼、想要什麼」更加重要。

這也是我兩次創業都能獲得成功的最關鍵因素。

換個方式說吧！

創業者可以不一定是團隊中最專業的人，比方，如果你開的是程式設計公司，那麼或許你不是那位最會寫程式的工程師；你開的是餐廳，那麼你也未必會是那位最會烹調的廚師。

如果你剛好就是那位最專業的人固然很好，但比起專業，更重要的是「了解消費者的需求」，其餘不足的地方，再透過建立團隊來為事業體加分，千萬不要是團隊中最茫然的那個人。

我曾經看過不少創業者，做的是自己不熟悉的產業跟領域，自己只是出錢的老闆，在創業過程中也習慣用錢解決問題，而不是自己親身了解與學習，最後所有核心價值都掌握在別人手裡，反而落入無法控制自己事業的尷尬局面。

至於創業夥伴或你的團隊，當然相當重要，夥伴與團隊成員，將可以用來彌補創業者本身不足的部分，提升整體的競爭力。

但是，我想要提醒各位創業者，只有在跟你素質相當、擁有互信基礎的「A咖」，才有可能幫你發揮「一加一大於二」的加乘優勢，或許每個人都會對你的事業給予某些建議，但絕對不是每個人都有能力給你「對的建議」。

也因為透過團體決策將會花費比較多的時間，你必須清楚知道「什麼事情需要大家一起討論、什麼事情則要自己快速決策」，千萬不要在組織團隊之後，因為缺乏自信，什麼事情都非得拉著大家一起討論不可。

團隊中每個人的專業程度和眼光視野的不同，反而容易製造出更多的雜音和混亂，自然無法快速做出正確的決策，造成人力、時間、資源與成本的浪費。

再以我自身的慘痛經驗來說吧！

「東京著衣」在 2010 年和 2012 年，相繼獲得兩個跨國集團的投資。為了盡快使公司上市，董事會決定以「營收」為目標導向，好交出更亮麗的成績單，並且陸續從外界延攬高階經理人及其團隊重新布局。

表面上，看起來是簡化創辦人的工作，透過專業分工來進行組織改造。沒想到，反而使得原本由我主導的核心事務開始分化。

以往由創辦人迅速決策與落實品牌精神一致性的經營模式，最後卻演變成什麼都要「團體決策」，每天浪費很多時間進行馬拉松會議，就算是創辦人的我，一個人說好都不算，什麼都非得多數人同意才算數。

結果導致大部分的管理階層為求自保和規避風險，只打安全牌，每個人都只會說出模擬兩可的意見，最後，造成權力分散、多頭馬車和部門對立的狀況，反而削減了原本遙遙領先業界的競爭力。

因此，我想提醒新創企業家，或許每個人的意見你都可以嘗試聽聽看，然後從中找出正確的方向，但是絕對不要在新創時期，就因為缺乏主見與自信，讓自己的事業變成「團體決策」且也「沒有人需要負責」的一家公司。

因為，倚靠多數人決策，等於沒有人決策。

我希望身為創業者的你，一定要知道：「三個臭皮匠，未必會勝過一個諸葛亮！」

20

數據重要，還是直覺重要？

別讓大數據凌駕專業判斷

「大數據」是近幾年來商業界的熱門關鍵字，更成為眾人膜拜的顯學。透過大量且多樣性數據的累積，來進行商品銷售、庫存資料，或是網站的使用者動態、客戶服務，甚至社交媒體上的互動與廣告投放等分析，以掌握消費者的購買行為，達到迅速決策、提高產值、甚至預測銷售等目標。

也就是透過解讀數據所呈現的意義，將其轉化成實用的商業價值。

但是，我始終認為，針對不同產業，對於「數據」的依賴也必須有程度上的差異。

「數據」當然可用來解讀與佐證「直覺」的輔助工具，但絕對無法完全取代「人的感覺」。

如果運用在規格與產能較為固定的製造業，或許可以倚靠數據分析作為經營決策。

若處在任何與流行、美感或女性相關的產業裡，「先天的敏銳度」，才是最重要的關鍵。

回想創業過程，每當我自己感覺不對，但數據卻顯示沒問題的情況下，所推出的案子幾乎沒有成功過。

讓我不得不深深相信「自己內心的聲音」，也就是所謂的「直覺」，往往才是最正確的判斷。

於是，不論是商品採購、訂價策略、商品追加和行銷策略上，我都採取「直覺優先，數據輔助」的作法。

唯有擁有對產業的專業與深度了解所建立的「直覺」，搭配大數據的輔助工具後，才能發揮加乘的效果。

不過，請別天真的誤以為，這裡所說的「直覺」代表的是「憑感覺」。創業者若只憑感覺行事，很可能會掉入「自我感覺良好」的陷阱。

例如，「今天感覺這樣、明天感覺那樣」，或是聽見或看見什麼新方法，就覺得好像可以試試看，而導致許多衝動、魯莽和任性的錯誤決策，甚至因此付出慘痛的代價。

我所強調的「直覺」，是指擁有對該領域的敏感度與深度了解，所衍伸出不需要靠數據運算藉以預測、決策和佐證，就能瞬間綜合考量後做出判斷的「專業第六感」。

其中，包含了先天的天賦，加上後天努力與歷練，所累積加乘而成的經驗反射。

也因如此，「直覺」是無法被要求具體化的「講清楚、說明白」，或訂出明確的規範及SOP，交接給團隊依樣畫葫蘆地照著執行。

記得在「東京著衣」的經營後期，曾經有位由董事會指派的空降高階經理人，面對我在開發商品時所下的決策時，提出了強烈的質疑：

「如果不把A商品跟B商品一起放到網站上銷售，讓數據說話，我們怎麼能一口斷定這項商品不會熱賣呢？」

「以我們品牌的高知名度和網站的龐大流量，其實放什麼商品都能大賣！有沒有可能妳認為不適合的商品其實也都會賣，只是我們卻沒能讓它有上架的機會？現在是數據時代，做事不能只是憑感覺！」

而我當時的回答是：

「你真的知道東京著衣之所以成為台灣網購女裝第一品牌的原因嗎？並不是我們把什麼都上架賣的關係。」

「身為創辦人的我，最大的存在價值，就是我擁有快速判斷的專業能力，並且幫公司與品牌把關，省去不必要的時間與成本損耗，來進行沒必要的數據測試。」

「什麼都放上去賣賣看？拜託，我們的官網與各個銷售據點，都是很重要的銷售通路，可不是用來測試商品的地方！」

也就是說，如果在上架前，我就明確的知道什麼會受消費喜愛、什麼不會，那麼為何我們還需要上架試試看？

這樣的思維，即便是我重新創立現在的「Wstyle」，也從未有過改變。

就「技術」的理性思維來看，「數據」的確非常有用，可以幫助我們更加精準的分析消費者，找到並影響他們的購買的方法，也可以協助品牌持續性地優化各項投報率。

但是，在「藝術」的感性層面來說，一個卓越創業者的「直覺」更加可貴。

因為只有「直覺」才能看到數據所看不到的東西；通常，那也是某些深藏在消費者心裡的東西。

在沒有感覺、沒有溫度，只有數據的情況下，品牌將失去人味與其必須永久存在的核心價值。

也許可以一時打動消費者的大腦，進而觸發消費者行為來銷售產品；但是，絕對無法擁有消費者的心，讓品牌達到「深植人心」的境界。

這也令我不禁想起電影《穿著 PRADA 的惡魔》中的經典片段。

劇中被員工視為「女魔頭」的時尚雜誌總編輯米蘭達，面對團隊為了兩條風格看似差不多的皮帶而猶豫不決時，最後挑選了她認為適合的皮帶，並依照判斷要求團隊做更換。

當時，在一旁觀看和抄寫筆記的小助理安德莉亞，卻因為覺得這兩條皮帶看起來根本大同小異，而忍不住當場笑了出來。

這種「明明是自己看不懂卻還覺得別人可笑」的輕率態度，讓米蘭達當場用羞辱的口氣，狠狠地幫她上了一課。

米蘭達要安德莉亞明白，她所處的職位應有的專業與態度，應該謙虛地學習時尚如何影響人們的日常生活，才能成為一個出色的助理，而不是將自己視為置身事外的旁觀者。

看完這部電影時，我心想，如果看不懂流行或美感、也不明白這一切在做什麼的人，一定會覺得「憑什麼要因為她的一句話，就否定了一切，甚至全盤大改而搞到人仰馬翻？果然是惡魔！」

但是，能夠明白其中差異的人，反而會有「心有戚戚焉」的感受。

這就是我所謂的，用專業累積而成的「直覺」，所造就的差距。

因為這當中代表的不只是時尚業的價值與專業，還包括了工作的態度、學習與成長、投入與專注，包括時尚對一般人生活的影響。

看到這裡，或許你會問，難道創業者的「直覺」就一定百分之百正確嗎？

我會說，只要是人，當然就有可能會失誤或犯錯。

「直覺」的生成，往往是因為過往沒有考慮到某個面向而犯下的錯誤，所累積而成的經驗。

當直覺失準時，只要能及時自我檢討，就能將錯誤轉換成養分，並納入下次決策時的考量，而演化成不斷「晉級」的成功關鍵！

因此，奉勸每一個品牌創辦者，請別單方面迷信數據，而忽略了直覺與感受的重要性。

21

商品力加上行銷力才是完勝關鍵！

成功是一連串的做對事情

成功的商業模式有兩大重點，那就是「對的產品」和「對的行銷」，兩者缺一不可。

擁有「對的產品」，當然是首要關鍵。

善用行銷，才是第二個要件。

我經常強調，產品一定要對，否則再會行銷都沒有用！

當然，我相信，一定有人會認為：「永遠沒有不對的產品，只有不對的行銷策略，才會導致產品滯銷。」

甚至很多人習慣會拿「連梳子都可以賣給和尚」的故事來舉例，告訴大家只要懂得創造需求，沒有東西賣不掉。

市場上對於行銷的重要性眾說紛紜，那麼我們就來討論一下吧！

我所謂的產品不對，並非產品本身設計上有什麼問題，我指的是「不符合市場需求的情況」。

不符合市場需求的產品，無論再怎麼做行銷，銷售效果都很有限，或是起伏不定，很難發揮長遠效果，相對地存在市場上的壽命也會很短。

因此，一開始就表現不好的產品，自然也就獲得不了被拿來當作「主打」的曝光機會。

試想，無論在實體零售或電商產業中，如果你是負責營運業績的人員，主要的陳列位置或黃金版位，你會選擇曝光熱銷商品還是銷滯商品呢？

將所有人力、物力和時間拿來行銷「不對的商品」時，相對等於犧牲了本身就符合市場需求、只需要順水推舟就能熱賣的「對的商品」。

因此與其花費更多的心力在促銷不符合市場需求的產品，不如多做點功課，減少這類滯銷產品的產生，才是真正該做調整的地方。

而不是鑽牛角尖地探討：「該用什麼樣的促銷方式才能賣掉？」畢竟那樣做一點都不符合經濟效益啊！

而行銷與產品部門也不需要爭吵到底誰比較重要。

對於品牌來說，這就跟左腳與右腳一樣重要，在前進之路上缺一不可，並不是非得選邊站。

企業往往是嗅到市場需求，設定好產品定位，包含商品本身生產的流程與控管、製作的成本與品質，更重要的是產品規劃等，再依據這樣的定位，制定出適合的行銷策略。

也就是說，產品力是品牌必須具備的根基，行銷手段是整體策略的一部分。

如果當產品開發前完全沒做設定，或者根本設定錯誤，認為一旦上市後靠著各式促銷花招來行銷就能逆轉勝的話，那也未免太天真了。

不過，也絕對不是只要產品對了，就什麼都對了。

行銷方式的差異，主要必須清楚品牌要銷售的對象和目標族群是誰？從最基本的年齡、生活型態等條件，提出完整的品牌主張，並運用最有效的溝通方式和通路進行銷售。

各產業中，能讓我們在市場中參考的成功案例，也絕對不是單單靠著「很棒的產品」或是「厲害的行銷」就能締造佳績。

而是從頭到尾，結合了「產品力＋行銷力」，在整體經營策略制定與執行上所創造的「全面完勝」。

過度神化商品推動過程中的任何一個環節，都是走火入魔，失之偏頗。

要知道，「成功」必須是「一連串的做對事情」，絕不是「只做對一件事情」。

22

預測未來只會限制發展

因應變化見招拆招更重要

因為科技的進步與網路經濟的興起，造就了電子商務的發展，也讓消費者的購買行為和生活型態產生了快速且巨大的轉變。

不但迫使許多傳統產業必須因應市場而做出改變，也為新創產業帶來了無限的可能與機會，和必須面臨快速洗牌的高度挑戰。

「今日的成功，很可能明天就被推翻！」所以，在我看來，除非你是那個制定遊戲規則的人，如Facebook的佐克伯或阿里巴巴的馬雲，否則所謂的預測未來，以新創品牌來說，最好設定在半年至一年時間內的短期規劃。

過往聽到的企業發展，都會設定中長期的營運計畫，可能是三年或五年，不過如果你是一家新創公司，以目前整體環境變化之快速，這樣設定營運計畫的方式，都不再適合現況。

例如，以近年來，只要是創業者都不得不重視的「社群行銷」來說吧！每當Facebook的演算法一有了更新或改變，便立刻影響了所有操作，甚至很可能是「下一秒就全都不同了」的全盤調整。

因此，我認為專注於眼前，並且保有對趨勢的敏感度，不斷接受最新資訊，具備「見招拆招」的能力，將「且戰且走」視為常態，遠比預測未來還要更加重要。

將這個點，放大來看所謂的「經營事業」也是一樣的道理。能否因應市場的變化，「知道要做什麼和往什麼方向做」，才是最重要的。

以新創公司來說，一個好的創業者和經營者，必須認知「計畫永遠趕不上變化」的殘酷事實，並且跳出「設定目標才會達標」的錯誤框架。

更不應該針對完全無法掌握的「未來還沒發生的事情」，企圖制定一個「完善的計畫」來執行。

因為這樣只會使得團隊被所謂的各種「目標」所制約，誤以為只要按部就班、使勁全力朝著目標往前衝，就能順利獲得成功。

實際上，卻容易形成忽略現況和警訊的「假性專注」。

反而應該在快速變遷的世界裡，用公司的核心競爭力，保持隨時應戰、靈活調整的身手。

看見機會，並且抓住機會，把時間花在做好當下，遠比用來設定目標更有效率。

若只是因為今日的成功，忽略因應趨勢的應變能力，很可能一下子就瞬間崩壞，而被市場給淘汰了。

就如同我當年從網拍起家所創立的「東京著衣」，便歷經了這十幾年來的改變。

或許在外人眼中，「東京著衣」之所以能迅速成功的關鍵，看似是搶得電商市場剛萌芽的先機，便從此一帆風順，佔據了台灣網購女裝龍頭多年的地位。

事實上，即便抓住了電商發展的契機，「因應市場變化而快速反應」才是成功最重要的關鍵。

這一點，可以從我離開後的「東京著衣」在短時間內迅速崩壞可見。

有人說，是因為現在市場，面臨了競爭者眾、顧客消費習慣改變、國際平價女裝進駐台灣，以及淘寶網等市場變化的衝擊。

但是，事實上，從我創業以來，上述這些挑戰從來沒少過；過去的每一天，都存在著各式各樣的考驗與危機。

一個經得起市場考驗的好品牌，並不會因為外在因素而瞬間殞落，最重要的還是因為內部失去了快速因應市場變化的能力。

也就是說，如果沒有具備此項功夫，即便設定再多的目標，也無濟於事。

對照由我全權主導的「東京著衣」前七年，從來沒有設定過營收目標，年年營收都翻倍成長。

反倒從第八年起引入外資，由董事會設定營收目標後，就再也沒達標過。

原因在於身為創辦人的我失去了主導權，所有人都按照所謂的「營運計畫書」來做事。

公司花了很多的時間和成本，在預測未來的業績成長和銷售曲線與設定目標，並試圖從市場分析調查和往年成長的數據報表作出分析。

一旦沒有做到，就被認為是表現不佳，但卻沒有人能夠快速轉向，於是又急著修改明年度的方向。

將重點放在「無法被預測的未來」，根本是不切實際的做法。

大家可以想想看，在職場上，是不是經常在開會時遇到以下兩種情形。

一種就是訂立了一個偉大的目標，但是根本達不到。

於是輪迴在每個月都達不到的惡夢裡，造成團隊士氣低落，在不得已的情形下只好下修標準。

另一種，則是為了不被公司高層責怪，於是訂立了容易達成的目標，大家也變得毫無鬥志。

其實，兩者都是很無謂的行為。

而人們往往浪費了大量的時間在做這些事情，卻忘了「專注把眼前的每一件事做好」，才是最重要的事。

畢竟，如果連眼前的事都做不好，哪有未來可言呢？

商場上的變數很多，就跟人生一樣，計畫永遠是趕不上變化的。

追求願景、放眼未來是好事，事先規劃也的確有助於使思維更加完善，但是，設下既定目標，擬出按表操課的執行計畫，卻只會限制思想。

唯有從務實的規劃中搭配靈活的應變，才是核心價值所在。

23

經營事業，先求好再求大！

專注品牌核心比追求規模大小更實際

不管是否從事電商產業，只要是做生意，就很容易聽到別人說：「你這樣做，規模根本做不大！」

還有人會告訴你：「如果想要做大，就要想辦法迅速擴張、搶攻市占率！」

例如，做了網路通路也要同步進軍實體通路，做了本地市場就要趕緊佈局跨境電商。

還要抱持開放的心態，接受所有可能的合作機會，把握每一個能曝光的通路。

聽起來好像不無道理。

不過，我想先探討的是，創業者「一心求大」的目的是為了什麼？

所謂「做大」最終極的目標，就是在貨源端壓低成本、增加銷售量、創造更多獲利，與在市場規模更具優勢。

但如果我告訴你，有很多大型品牌電商看似營收驚人，其實根本沒有賺錢。

有些甚至在已經沒有獲利的情況下，為了讓營運數字維持在一定水平，只好不斷地降價促銷，再花費大筆的廣告預算來維持這個規模。

導致每天一開門做生意就在賠錢，不但沒有賺到應有的獲利，還累積了龐大的庫存商品。

聽到這裡，你還會羨慕他們，或想要變成這個樣子嗎？

當創業本身的目標是「獲利」，那麼比擴大規模更重要的事，應該是定下心來好好思考：「什麼才是品牌能夠穩定成長且持續獲利的經營模式？」

如同我第二次創業，每當我在接受媒體採訪露出以後，常會收到各方朋友對我的鼓勵。

有新買家、老買家，甚至過往一起打拼的老戰友；其中，更有許多創業者和同樣在電商界努力的朋友們。

很多人提到，希望我再創造奇蹟，再做一家大企業，把誰誰誰幹掉！

我必須說，我的再度創業，並不是以這樣的方向來思考的。

當年創辦「東京著衣」，初衷只有一個，就是與大家分享我的穿衣品味，希望年輕女性都能找到適合自己的款式。

現在，初衷不變，但增加了自己多年在職場與婚姻裡的體悟。

希望能把自己的生活態度帶給女性，讓女性更有自信、更堅強，也更溫柔。

在我的心裡，想的從來都不是要把公司變多大、要創造什麼熱潮或奇蹟。

很多人說我創辦「東京著衣」的故事，寫下了所謂的電商傳奇。

但這其實是在努力做好自己想做的事情之下的額外收穫，絕不是目的本身。

或許，很多人的夢想可能是：「有一天，我要自己當老闆」、「我的夢想就是要當主管」、「我要賺很多錢，把公司做多大多大！」

但是，我反而覺得，與其把目標定義成品牌的規模、營收、市佔率，或是個人的權勢、地位、金錢。

更應該思考的是：「你想要把什麼事做好？你想要改變什麼？」

這麼說吧！當我揮別「東京著衣」後，所再次創立的新品牌「Wstyle」，是因為我想要做出屬於自己風格的品牌，進而傳達我想要推廣的女性態度。

因此，我需要一個優秀的團隊來協助我一起達到這個理想，所以我又再次當了老闆，而不是「以開公司為夢想，為了當老闆而創業」。

這個世界上，許多偉大的品牌與創業家之所以偉大，是因為他們覺得人生其實可以更好，因而做出了某些厲害的產品與服務，進而改變了世界，甚至造就了產業革命。

甚至，一開始他們創業的想法只是「因為這樣世界會有趣得多」。

因此，我認為，品牌創辦者在創業初期，最好抱持「少即是多」的精神。

專注於品牌核心，並從自己最有優勢的地方著手。

了解什麼是品牌所需要且適合的資源投注，而不是在品牌還沒站穩腳步與深耕市場前，就一股腦地跟時間賽跑，不惜一切地砸下重本拼命擴張規模、搶攻市佔率和衝高營業額。

或許短期來看，可能有助於帳面上銷售量的增長，但隨之而來的資金成本同樣也會越來越大。

包含商品庫存量、所須執行的人力、軟硬體設備投資和通路佈局等整體現金流支出都會跟著變大。

如此一來，最重要的「利潤」空間自然就會越來越小。

最後，很有可能因此使品牌初衷與核心偏離正軌，陷入惡性投資卻無法即時回收的無底深淵。

要知道，做大，需要的是「時機」；但是，做好，卻可以取決於「自己」。

你唯一能控制的，就是把每一件事情做對並且做好，讓品牌持續獲利與呈現正成長。

有時候，即便你都做了，還需要具備「天時＋地利＋人和」的機會與運氣。

「機會永遠是留給準備好的人。」這句話很老套，但卻很實際。

讓自己隨時處於準備好的狀態，當機會來臨時，許多的期待自然水到渠成，也就是你一飛衝天的時候！

請記住，「先求好，再求大」，絕對是永恆不變的成功定律！

24

給身為「老闆」或「員工」的你

只有需不需要做，沒有想不想要做

曾經有個朋友問我：「我看採訪妳的媒體報導都說，妳會跟團隊一起包貨、燙衣服，甚至連剪線頭、摺衣服等這類的細微工作妳都會做。妳應該不可能真的有在做這些事吧？」

我回問：「為什麼？」

他說：「妳都身為 CEO 了，幹嘛還做這些事情？讓員工做就好啦！」

我告訴他，「對我來說，只有我需不需要去做；需要，我就做，而不是挑選什麼工作我不做。」

也就是說，當同事都做得完，不需要我的時候，我當然就會去做其他更需要我的事情。

但是，如果工作量暴增時或需要人力支援，我當然就會趕快跳下去做呀！

我從不明白，為什麼很多人要因為「覺得自己是某某某」，或者「我現在是高階主管了」，就開始這個不做、那個不做。

不做，從來只有一個理由，那就是不需要你做。

而不是明明需要，卻仍然不願意做，那樣對公司一點好處也沒有，不是嗎？

這樣的工作態度，不僅適用創業者、管理者，更適用於每個人。

再來，也想藉此和大家聊聊另一個我們在職場上常會面臨的現實狀況。

那就是「老闆」與「員工」這兩種角色，在工作心態上的極大差異，並且就自身創業以來的經驗給大家一些建議。

給所有「正在當老闆的人」：

很多創業者都會犯同一個毛病，那就是「希望員工跟你想的一樣」，並且共同承擔公司的成敗。

請認清，「員工心態永遠不會跟你一樣！」

因為跟你有一樣心態的人，早就自己去創業當老闆了！

所以，當你創業遇到困難時，請不要動不動就叫員工跟你「共體時艱」，因為創業是你自己的決定。

你可以不領薪水、你可以沒日沒夜的工作、甚至不吃飯不休息，但是你的員工不行，因為大家出來工作就是要領薪水，請不要理所當然覺得大家就要跟你一起拚，而且沒有任何人有義務要跟你一起承擔這一切。

反之，如果身為創業者的你，身邊擁有願意陪你一起打拼的人，請務必好好珍惜，並且在日後許可時，給予實質的肯定和回饋。

另外一點是，身為創業者，一定要讓員工有「犯錯的權利」。

沒有人不會犯錯，就連你自己也會。

沒有人生下來什麼都會，大家都需要時間學習。

當老闆要員工十八般武藝樣樣強的時候，請捫心自問：「你給員工的又是什麼？」

請給予員工犯錯的機會和學習的空間，不要把人視為完美機器，多替員工著想、多給幾次機會、多點耐心，不厭其煩地教育再教育、拉拔再拉拔。

因為自己親自練起來的人才與團隊，才是最強大的，而且絕對會是你公司最寶貴的資產。

真想努力實現些什麼，捲起袖子跟員工一起拚吧！

給所有「正在當員工的人」：

請你了解，「創業當老闆是一件很不容易的事情。」

請試著嘗試與體諒願意承擔這樣高風險的人。

因為你每個月所擁有的薪資數字、眼中所看到的所有軟硬體設備和相關福利，或是你沒看到或沒想到的其他營運成本。

這一切對老闆來說，都是很龐大的開銷和現金流支出，才能累計創造出來的。

你甚至不會知道，你今天領的薪水，可能是老闆昨天才去借來的。

也許身為員工的你，經常覺得「老闆所做的決定是你不能理解的」。

那是因為他要扛的是公司整體利益，而不是你的個人利益。

因為「只有整體好，大家才會一起好！」

身為一個員工，坦白說，就是領錢辦事，盡你應盡的責任。

老闆其實沒有必要、也沒有義務要教育你，或向你解釋他所做出的任何決策。

如果你遇到很願意拚搏、很有理想的老闆時，願意花時間栽培你、給你學習的機會，同時對你又有高度要求，請你好好珍惜和互相體諒，並且懷抱著感謝的心，給予支持和追隨。

因為那真的就是你生命中的貴人，「凡是學到的，都是你的！」

並且請將你所學到的一切，用力回饋在你的工作上，這樣做對你的人生，保證有好無壞。

最後，我想提醒一點，當你檢視自己是否是一名好員工的同時，也必須重視領導者是否正派經營與有所堅持。

和賺錢相比，身為一個領導者，道德和品行是更加重要的事。

如果你的老闆為了賺錢，不惜販售黑心商品或過度投機，當他會這樣對待顧客，自然也會這樣對待員工，不論公司給予多好的薪資與福利，這樣的人都是不值得追隨的。

請不要忘記，你是有選擇權的，老闆可以開除員工，員工當然也可以開除老闆。

希望大家都能在自己所在的職場崗位上，各司其職、各安其位，並且擇其所愛、愛其所選，一起為自己的人生努力！

4

電商

25

你適合從事電商產業嗎？

電商與網路產業需要的六大特質

近幾年，由於電子商務迅速顛覆了傳統零售市場的邏輯，也是正在不斷成長且最具未來發展潛力的產業。

幾乎所有公司都想往電商發展，也因為如此，電商相關人才也跟著炙手可熱。

只要在業界稍有成績和口碑，不只薪資高、升遷快，被挖角和跨國發展的機會也相對較多。

所以，我非常鼓勵年輕朋友加入電商與網路產業。

就以我於「東京著衣」創業時，親自帶出來的一位女性員工作為實例，與大家分享吧！

記得她當初來應徵時，大學剛畢業不到兩年，之前只做過行政助理工作；沒有任何專業，但是很願意學習，當時她的起薪是26K。

我讓她從商品上架開始練起，慢慢教她電商概念，包含如何企劃、挑選商品和網站管理等專業。

因為她不排斥學習新觀念以及認真負責的態度，於是她只花了兩年時間，便晉升為月領45K的副理。

當時的她，才年僅26歲。

直到現在，我們都還保有聯繫。不過，四年後的她，已經是年薪近百萬的經理了。

當然並非每個加入電商與網路產業的人都能如此幸運。

不過，如果想成為所謂的「電商人才」，需要具備哪些觀念或特質呢？

有興趣跨足者或已經是電商產業中的一員，也不妨藉以檢視自己是否符合吧！

反應靈活，適應快節奏！

電商公司通常步調很快，遇到問題隨時召開臨時會議，講完立刻出去做，做完立刻再聚集。

這種「隨時集合、隨時解散」的打游擊會議方式，對於什麼都要照規矩來、一板一眼的人可能會不太適應。

但是相對的優勢是，電商公司的步調快、變化快，獲得晉升的機會自然也很快！

接受「朝令夕改」是常態！

節奏快的原因來自於電商產業的變化快，因此決策調整當然也得跟著快！

前幾天的會議結論，可能今天就被推翻了；昨天講好要這樣做，今天發現效果不如預期時馬上就要進行調整了。

面對做到一半，甚至是即將做完的事情，突然又要大轉彎，甚至必須整個重來，你能接受嗎？

不適應的人會說：「這一切實在很混亂，這家公司到底在幹嘛？能不能一次決定好就不要再改了？」

我會說，這在電商產業裡其實很正常，如果看到問題還不調整，或者因為快做完了就不願意放棄，不肯當機立斷的修改調整，才真的會完蛋。

樂於學習，勇於接受挑戰！

電商是個新興產業，遊戲規則也不停在改變，簡直比電影《移動迷宮》裡的機關還精彩！

除了必須不斷學習外，還得將每一次的變化視為挑戰，並且以樂觀積極的心態面對。

例如，當 Facebook 又推出新功能時，你的心態是：「太棒了！一定又有好玩的東西，不知道可以怎麼運用呢？趕快來試試！說不定又能增加什麼不同以往的效果！」

還是：「不會吧？又改了？我才剛研究出心得欸！一天到晚都在改機制，真的煩死了！」

如果是後者，恐怕不太適合進入電商產業，想必你會因為不停的變動而感到痛苦萬分。

不侷限工作內容，學到當賺到！

很多人求職時，會希望能清楚定義工作內容，也就是應徵什麼工作，只做「份內的事」。

對於超乎工作範圍的事情，就會產生「為什麼我要做這個？」的排斥感。

但是，在電商公司裡，有時候劃分工作的界線並不是那麼明確，以利遇到突發狀況時，各部門能隨時調動相互支援。

因此，擁有跨部門溝通協調能力的人，或是具備救火隊功能的人，經常可以成為專案負責人，也能迅速提升自己在工作表現上的能見度。

對於樂於學習的人來說，好處就是一點兒都不會無聊，而且還能從各項挑戰中學到十八般武藝！

對最新資訊敏銳度高且感受力強！

電商產業通常與社群媒體、當今時事與流行趨勢緊密相連。

為了貼近消費者並且吸引關注，如果能夠敏銳地注意到最新資訊，並且迅速將這些新聞事件或流行話題，立刻轉變為行銷手法。

若能具備從中看見商機的能力，並且運用在自身產業上，絕對會更非常吃香！

內心強大！抗壓性高、執行力強！

想在電商產業出人頭地，內心強大是非常重要的一點。

一旦決策不慎失誤，所導致的失敗通常會來的很立即也很快速。失落挫敗感難免，但沒有時間犯憂鬱搞自閉，趕快想新點子比較重要！

請保持一顆長期處於高壓狀態、仍然能冷靜思考的頭腦，做一隻打不死又充滿活力的蟑螂！

以我個人從事電商多年的經驗來看，電商其實是一個既好玩又有趣、充滿挑戰、而且與時俱進、不容易被淘汰的產業。

是否做對事情，數字跟業績帶來的反應真的很迅速，成就感自然也很明顯，是個很適合年輕人發揮創意、實現自我的舞台。

當然職涯上的選擇，絕對不是聽說現在什麼產業很夯，就一窩蜂地急著加入，而是應該謹慎地檢視自己的條件，是否真的符合該產業的需求。

如果你正好具備以上特質，歡迎加入電商與網路業，一起來玩吧！

26

流行產業的決勝核心是天分

數據只能判讀結果，無法預測未來

在強調「大數據」的網路時代，如果你所創業的領域是「流行產業」，那麼你的商品即是與流行趨勢、季節週期，甚至和「節慶」等變因息息相關的「流行品」。

並不是可以透過數據來加以預測、分析和滿足需求的「規格品」。

在我看來，凡是與流行時尚相關的產業，如果沒有天分與具備敏銳度，到最後都會經營得很辛苦。

因為賣得好或賣不好，永遠只能透過事後的「數據分析」來試圖歸納。

以網購流行女裝來說，或許數據可以告訴你，目前架上的所有款式，哪一款的點擊率最高、哪一款吸引最多人購買、哪一款帶來最多的業績。

這些數據將可以協助你決定要不要投放廣告，與要不要持續追加商品。

但是，這仍然無法解決最初與最終的問題。

舉例來說，當你將新品上架後，如果消費者的反應很冷淡，點擊率很低，成交率也不高，沒有帶來預期的訂單和業績，代表當初採購或生產的款式錯誤，不受市場青睞。

這個時候，數據只能告訴你「結果」，卻沒有辦法告訴你原因，也絕對無法告訴你下次要販售什麼商品才會大賣。

我必須說，如果是流行產業，一開始的預測能力，對業績上的影響，絕對大於事後的數據檢討。

再以全球快時尚霸主的服飾品牌「ZARA」來說。

「ZARA」在最初商品設計與生產前所參考的基礎，是來自於參考各大國際精品的流行趨勢預測，並將這些流行元素與概念，廣泛地運用在服裝設計上加以量產。

而「ZARA」在全球各店的銷售數據，是針對後續追加生產與調配庫存的支援，並無法取代每一次首批新品的流行預測能力。

所以，我必須很殘忍地直說，凡是經營流行產業，不論是服裝、音樂、藝術創作，最重要的，還是與生俱來的「天分」。

「只能意會，不能言傳」，更是無法被具體化、制式化的傳授。

或許有人會問：「所謂的天分，除了先天具備外，真的不可能因後天的訓練或培養而產生嗎？」

在許多產業，也許可以透過後天的努力，或是建立標準流程，來讓自己熟能生巧。

但是，在流行產業裡，「勤能補拙」卻不見得是行得通的。

若要成為頂尖人物，那麼「天分」和「努力」就缺一不可！

就以我過往曾經培訓過許多服裝設計與採購人員，即便擁有服裝設計相關背景，卻發現有許多缺乏天分的人，在學習過程中，無法以流行或美感作為判斷依據，卻是透過抄寫和死背而想要建立所謂的「設計與採購法則」。

例如，當我說：「這件衣服的蝴蝶結太大了，而且放在中間的話太過死板；我決定修改設計，將蝴蝶結縮小，並移到旁邊作為點綴。」。有天分的人所認知到的會是「這是一個視覺上的美感問題」，提醒自己以後要更加注重比例的協調性，而不具天分的人，則可能會死板的背下「蝴蝶結不能放在衣服中間」。

這就是兩者之間的最大差異。

試問，如果流行趨勢有黃金公式可遵循，還能稱之為「流行」嗎？

想當然，答案是否定的。

對我來說，所謂的「天分」或許無法被複製，卻可以透過直覺與經驗累積，再搭配過往的數據作為輔助工具。

畢竟，流行產業變化的速度很快，每一季、每一年的流行都不一樣。

因此，投身流行產業的人，隨時都要讓自己保持對於流行市場的敏銳度。

27

新創品牌如何出奇制勝？

擁有差異化特色及尋找市場空缺

電商產業發展至今的十幾年間，台灣現有的大型品牌電商，除了起步較早，擁有了掌控上游廠商和下游客戶的優勢，大多是鎖定大眾化需求商品作為切入點，造就了營運成長迅速和搶得市場先機。

如今的電商產業已經非常成熟，有大量市場需求的產業，都已經有人在做了。

加上這些年零售市場變化很大，現今無論是通路電商或是大型品牌電商，即使擁有龐大的會員數和十幾年間所累積的優勢，也不見得擁有絕對獲利的保證。

如果你現在才要開始加入電商市場，從好的一面來看，電商產業所需要用到的軟硬體技術、機制及金物流，都已經建構得很完善了，也有多樣化的服務可供選擇，能讓你省下不少功夫，很輕易就能夠在網路上做生意。

不過，相對而言，你也等同失去了「搶得先機」的優勢。

也就是說，假如你打算做的是和別人一樣的事情，在缺乏品牌能見度和資源的前提下，光是在起跑點上就先輸慘了，既不可能拚得過現有成功者，自然也瓜分不了現有市場的業績。

因此，請你在創業之前，先問問自己：「你有什麼特點能在市場上競爭？」

好好檢視自己的優勢，尋找適合自己的商業模式，並且從最有可能成功的地方做起。

因為能讓新創品牌異軍突起的勝出方法，只有兩個。

一是靠「差異化特色」取勝，也就是「做和別人不一樣的事」。

所謂的「差異化」，就是創造與市場競爭對手不同之處，除了聚焦品牌的核心價值外，更延伸出獨特的附加價值，擁有對手無法隨便模仿、抄襲或學習的本事。

例如，鎖定市場上「不想跟別人一樣」的特定客群，提供客製化的服務，或是提供超出消費者預期的品質、服務和價值，都是差異化特色的一種。

二是找到「尚未被發現或滿足的市場需求」，也就是「做別人還沒做的事」。

這點是從最根本的需求面來思考，仔細找出市場中還沒被滿足的空間，就有可能出奇制勝。

例如，前段時間很火紅的共享經濟模式，從一開始指標性的「Uber」到發展出各種型態的共享模式來營利。

這就是在既有市場中，發現尚未被開發或是滿足的一種實例。

由此可知，如果新創品牌經營者能夠掌握出以上兩點，專注於「我能夠提供什麼不一樣又更好的選擇給顧客？」以及「我要怎麼做，顧客才會接受和喜歡？」

就會發現，市場並沒有飽和，只是重新分配。

如果品牌經營者一心只想著：「做什麼才能獲得最高的利潤與創造最大的營收？」，很容易會因為這樣錯誤的思考邏輯，成為創業跟風下的犧牲品。

總結來說，在瞬息萬變、競爭激烈的市場中，當一條有特色的小船，在沒人發現的小溪流裡試划看看，至少都比直闖殺得紛亂慘烈的戰場，被當成炮灰來得勝算較高。

28

搞噱頭、搶流量就對了?

創造精準客群才是關鍵

「流量」是網路行銷經營很重要的一環,也是能否成功獲利的重要關鍵。

所謂的網路「流量」,就等同實體通路的「人潮」,兩者都需要吸引消費者的目光與參觀選購。

不過,兩者之間最大的不同是,實體店家是在街邊開店。

除非刻意選在人煙稀少的地點,否則無論如何,至少都會被周遭或路過的客人具體看到:「啊!這裡開了一家新的店啊!」

但是，電商品牌是在網路上開店。

如果自身沒有吸引流量的方式，也沒有廣告曝光，基本上就像是開了一間隱形的幽靈店家，埋沒在茫茫網海中，根本不會有人發現它的存在，自然也就乏人問津，這才是最可怕的事啊！

所以，電商品牌若想生存，就絕對離不開流量。

但是，可別以為，既然流量那麼重要，那鐵定是越多越好喔！

或是抱持著：「只要有大流量進來了，什麼產品都能賣！」的錯誤迷思與幻想。

因為，流量的重點不在多，而在於精。

有些網站為了提高流量，瘋狂地砸錢下廣告，不論是關鍵字廣告、聯播網廣告、或是 Facebook 廣告等。

全數採取萬箭齊發、亂槍打鳥的手法，只為求得迅速導入龐大流量。

或許短時間內，這樣做能使網站流量瞬間攀升，但因此獲得的流量成本卻也高得驚人。

如果你的銀彈不夠充足，一般電商品牌是無法承受的。

以新創企業而言，不如掌握精準投放，把錢花在刀口上，更加事半功倍。

想要擁有精準的流量，就必須先做好「品牌定位」，清楚地知道自己想要的客戶受眾是什麼人，你才知道要去哪裡以及要怎麼找到這些人，或是讓這些人主動知道你。

進而讓這些潛在客戶發現你的存在，讓他們對你建立印象、引發興趣，進而產生購買行為。

如果不這麼做，只想透過付費，在茫茫網海的網路裡找尋客戶，簡直就像瞎子摸象一樣困難。

請試想，如果同樣都是花費一百萬元投放廣告，卻只獲得10%的精準流量，那麼其餘的90%不都是白白浪費掉嗎？

換句話說，如果在精準投放的前提下，其實只需要花十分之一的成本，就能取得相同的成效，聽起來是不是更值得投資，路也能走得更加長遠呢？

而且，我還想提醒大家的是，不管是流量、觸及率、點擊率等數字，都不是越多越好，也不一定就是好事。

如果你追求的是品牌好感度、品牌印象、記憶點，以及如何讓「消費者有這需求時，第一個想到你」。

那麼，即便以上這些與流量相關的數據，無法產生立即看得見的成效，仍是必要的投資。

在品牌經營上，很多事情與投資或是取捨，都不應該只是為了「增加營業額」而做。

而是專注於品牌理念的訴求、商品的特色、提供美好的消費氛圍及理性尊重的服務。

以我二次創業所成立的新品牌「Wstyle」為例。

新品牌成立的第一年，我從未透過購買廣告的方式獲取流量，而是透過持續創造品牌理念與態度的軟性文章與受眾溝通，即便大家可能只是因為看到某篇發文而加入粉絲專頁或按讚、留言回應和主動分享。

而非產生立即購買，更不會直接反應在商品銷量上，我也樂此不疲。

因為我知道，品牌認同與信任，是需要時間慢慢建立的，一點兒也急不得。

我投資的不是消費者的立即效應，而是在心中所留下的烙印。

同樣的道理，也適用於檢視現行許多社群媒體的經營模式。

如果品牌本身無法堅守核心訴求，只為了搶攻表面上的數據方式，看到炒作「梗行銷」好像很有話題性，就趕快來一波噱頭造勢。

或者緊跟網路流行話題，看當下什麼最火紅就趕緊搭上，只為引發網友回應。

我看到許多粉絲專頁，經常淪於這樣的狀況，銷售的產品極不相關，只為了炒作而搭上時事話題，網友在單篇文章下按讚或回文，但是並非會購買該商品的客群，而粉絲頁上除了該篇文有高回覆率外，其他貼文卻都相當冷清，這並不是好的現象。

那麼，到底什麼時候才可以搭配熱門話題或時事操作呢？重點仍在於是否符合品牌核心理念。

比方，如果你做的是餐廳，那麼就可以在食安問題發生時，搭上相關的話題，替自己的餐廳食材背書，藉此吸引關心此議題的受眾。如果你的客群是母嬰或親子相關，那麼有關親子或母親的社會議題就可以拿來發揮。

千萬不要將所有不相關的議題都拿來炒作。

當讚數、留言或分享數，未必能代表業績，也未必代表品牌好感度時，這些看似漂亮的數據，就會淪為品牌自我感覺良好的假象。

如果大多數的消費者，通常點擊一次以後就流失了，既沒有對品牌留下良好印象，也沒有進一步的帶動銷售。那麼，要這樣的流量又有什麼用呢？

請大家千萬不要陷入這樣「假性流量」的陷阱裡。

唯有在流量精準的前提下，循序漸進地將數量由小變大，持續導入「正確的流量」，同時累積舊客戶的忠誠度，對於你的品牌來說，才會是正向循環。

29

折扣促銷是救命靈丹還是毒藥？

品牌跟人一樣，都應有自我原則

「消費者是需要教育的。」

這是一句我們經常聽到的話。

不過現在網購電商的打折促銷策略，卻反而是在教育消費者：「不用急著消費，因為我們隨時都會打折！」

打折的原意，原本是賣方在特定時期，增加銷售量或者消化庫存的一種方式。

但是，到了現在，無論是Outlet的出現，或是經濟環境的演變，打折似乎已經成為再基本不過的行銷方式。

導致如果行銷人員想不到什麼特別的行銷企劃，不管三七二十一，反正只要打折就對了。

但無論是電商或是實體，這幾年一定開始面臨到，只要不發布打折訊息，業績就無法有效提升的狀況。

以及打折期間有人購買，但是一恢復原價就又沒人買的情況。

最後只好不斷折損毛利，瘋狂打折下去，才能維持一定的業績。

如此演變下去，打折會不會成為慢性自殺的毒藥呢？

之前和一位從事網路行銷工作的朋友，聊到對於近期工作的想法，沒想到，有關打價格戰的部分，居然讓他感嘆萬千。

他說，以他所屬的行銷團隊，每週公司開會的重點都在於「這次要打幾折？」以及「這次要送什麼？」。

因為除了這兩種優惠相關的活動，幾乎都無法增加業績，於是每次開會都在討論一樣的事情，搞得「行銷」好像就等於「打折」一樣。

但是，這樣的策略執行久了，卻把消費者對於折扣的胃口越養越大。從最初的免運優惠或滿額贈品，到基本的9折，最後甚至下殺到6折或買一送一，但似乎越來越難讓消費者引起興趣。

最後演變成，只要沒有足夠的優惠吸引，消費者就沒有動力購買。

在業績壓力與品牌形象的抉擇下，品牌形象通常往往淪為犧牲品。

我相信，這樣的狀況早已行之有年，不少公司都面臨這樣的情況。

甚至有些創業者還會有「消費者只在乎價格，哪懂品牌形象這種事」的錯誤想法。

以我自身第二次創業的「Wstyle」電商女裝品牌，所秉持的初衷與絕不妥協的堅持為例。

我認為，品牌就跟人一樣，應該有自己的個性跟態度。

這是原則問題，也是價值核心所在。

唯有個性鮮明，態度明確，才能吸引到真正認同你的人。

所以「Wstyle」除了換季出清外，全年無折扣，平常也極少出現促銷的文案或活動。

因為我希望給予顧客的是，不論何時都能以「原價」購買到喜歡的商品的基本尊重，而非「為何幾天前買是原價，現在卻已經在打折」的不好感受。

因此，在定價上也絕不會有先拉抬價格上去，再打折下殺的情況，而是在一開始就制定出最合理的售價。

此外，「Wstyle」也沒有訂立所謂的「VIP 優惠」，因為我認為每一位顧客的支持都很珍貴，服務不應該因為花多少錢而有差別待遇，對我來說，消費者無論購買多少錢，都是我的 VIP！

這樣的想法與理念，要能夠堅持下去，必須擁有充分的毅力跟決心，因為仍然不時會有消費者詢問：「你們何時會有打折活動？特殊節日也不會有嗎？」或者詢問「我買這麼多了，會有 VIP 折扣嗎？」

當我們回答「沒有」時，消費者難免會感到失望，畢竟已經太習慣於市場上的促銷方式了，甚至會有人告訴你：「你們這樣會缺乏競爭力喔！別人家都有優惠耶！」

如果是你，聽到有消費者這樣說，會不會也感到動搖呢？

對我來說，雖然折扣對於業績增長是一種立即性的刺激，但卻是跟吸毒一樣的不歸路啊！

試想，如果只要打折就會大賣，誰還需要辛苦地解決其他問題呢？

若不改善真正的問題，老是只用打折做行銷，很快地，你將會面臨更多的難題。

業績不如預期，可以從很多方面做檢視，打折或許是拉抬業績的最快速方法，但真的不是唯一的辦法。

創業者反倒更應該在業績停滯期，去反省是否有長期被忽略的錯誤，進而從中改善和優化，才是能長遠經營品牌的根本之道。

30

退貨率多少才算正常？

影響退貨率的五大原因

如果有人問我：「退貨率多少才算正常？」

我通常會反問以下問題：「要看你販售的是什麼品項？什麼價位？在什麼平台賣？主要的客群是？」

以上提到的問題，全是影響退貨率的原因。

如果我都不知道，我要怎麼告訴你退貨率應該多少才合理？

如果你從事的不是我熟悉的市場與品項，我也只能回答：「很抱歉，我不知道，你得比較同業的數字才知道。」

我不會告訴你一連串看似是個黃金公式，其實卻根本毫無意義的標準。

不少從事電商的創業者或從業人員常會死背一些數字，例如轉化率應該多少才厲害，退貨率應該多少才正常……。

我只知道，當銷售的品項跟價位根本不同，販售的通路也不一樣的時候，怎麼可能會有同樣一套的標準？

以我過去的經驗，同樣的產品與價格，光是放在不同通路的狀況下，退貨率就有3％至20％如此之大的差異。

更別說，如果連品牌、產品、價位或客群都不一樣時，會是什麼情況。

若以電商女裝品牌為例，影響退貨率的主要原因，通常有以下幾種可能：

通路屬性的差異

有些平台通路非常強調「七天鑑賞期」，購買頁面和退貨的流程設計，也讓買家十分方便，只須一秒鐘按下「退貨鍵」就行，自然退貨率就高。

若你進駐退貨率平均高達50％的網購通路，但是你的退貨率還低於平均值，那你唯一要思考的是，到底還要不要繼續經營這個通路。

消費者預期心理

商品品質不如預期，消費者自然容易退貨。

如果將消費者預期心理炒得太高，但商品實品卻沒有符合期待時，便很容易造成退貨。

因此我會建議，電商品牌的照片與文案，還是要盡量忠實呈現，不要過度包裝美化。

網頁資訊的實用性

很多時候，網頁上的「尺寸建議」根本不準確，或者讓消費者有看沒有懂，便很容易選錯尺寸。

在收到商品時卻發現不能穿的情況下，當然必須退貨了，這點經常是賣家比較容易忽略的。

買家也通常只會簡略地說自己尺寸不合，而不會告訴你：「你們網頁的尺寸建議真的很不準確，或是我根本看不懂。」

因此，我建議賣家一定要經常檢視網頁資訊的實用性。

至於「色差」也經常是退貨原因，所以攝影與美術後製時千萬要留意這個部分。

當商品的銷量很高，但退貨也很多時，絕對不是一件好事。

想想這些退貨的後面，全都代表了一個失望的消費者啊！

對我來說，賣出去後被退回來，絕對比賣不出去還要更讓我感到失落。

商品定價策略

價格低的產品，退貨率通常會較低。

因為大部分的消費者會覺得「算了，反正又不貴，就加減穿吧！」以及，通常因為價格低，所以對產品本身的期待就不是太高，只要品質尚可，通常都會接受。

但是，我並不建議「只要把產品價格壓低就對了！」的做法。因為長期讓買家感到失望而勉強留下商品，這對品牌的長遠發展並不是好事。

不論商品價位如何，「讓消費者感覺良好」，仍然是最應該要努力的方向。

頻繁的折扣活動

很多平台或賣家做折扣活動時，常造成某些產品今天是這個價錢，明天卻突然變成七折或五折。

這樣的情況下，自然很容易造成近七天內剛購買的訂單，寧可退貨再重新下單搶折扣的大量退貨潮。

即使初步看似業績成長，但在扣除掉退貨運費、商品耗損、物流人力和客服人員在處理退貨時的隱形成本後，仍很可能還是沒有利潤的狀況。

而且，太過頻繁的折扣活動，更容易使得顧客即使看上某件商品，但在它還是原價時卻不想下手，反而寧願觀望等待，或是直接開口詢問何時會有促銷活動。

所以我一點都不支持品牌做頻繁的折扣促銷活動。

總結來說，「退貨率高」絕對是個警訊，必須立即反省與檢討是否做錯了什麼。

只有清楚知道影響退貨率的原因，並做客觀的分析判讀，找出確切的問題後再對症下藥做調整，才是理性正確且有效的改善方式。

31

網路流行女裝的成功關鍵

掌握「採購」與「追加」的精準度

很多人都想做電商女裝，不論是十年前還是現在都一樣。

電商女裝不難入門，也不難衝高營業額。

但是，想要「獲利」卻沒有那麼容易。

許多同業甚至到最後發現，為了衝高營業額，花了很多人事成本、廣告費用、繳了很多稅，還累積了一堆換不了現金的滯銷庫存貨。

忙了一整年下來，勞心又勞力，卻根本沒賺到錢。即使外表看起來很有面子，實際上卻沒有裡子。

這也是目前市場上電商女裝品牌普遍的狀況。

不過，這還是屬於比較好的那一種，至少搶到了市佔率，不能說完全沒做對事情。

市場上更多的是，連市佔率都沒搶到，又賠了很多錢的慘況。

甚至有許多大集團，為了跨足電商女裝，短短兩、三年內就燒掉幾千萬元、甚至上億元這類血淋淋的實例。

所以，不論是「東京著衣」或是「Wstyle」，我皆採取「首批現貨」搭配「追加預購」的銷售模式。

透過「預測流行」以及「精準追加」做到有效的庫存控制。

媒體每次問我：「服裝零售業最頭痛的就是庫存量，難道你們沒有這個問題嗎？」

我當時想了一想，答案是：「真的沒有。」

所謂的沒有庫存問題，並非完全沒有一件庫存的意思，而是庫存佔比極低；不過這樣的極低庫存，大都在短期的換季特賣，就能全部清空的健康狀態。

但是，這到底是如何做到的呢？

這得從「導致庫存」的原因來說起。

通常會有庫存問題，不外乎是兩個原因：

・「首批生產採購的精準度不佳」，導致新品一上市就直接變成滯銷品。

・「商品追加數量的精準度不佳」，所造成的多餘庫存。

第一點與品牌的商品定位和生產採購專業有關，在前面的篇章已有提過。

先來談談更具挑戰性的第二點，也就是「商品追加精準度」的重要性。

這又可以從以下兩種狀況來分析。

一是「追加數量太少，不斷缺貨」↓造成買家等待時間過長，甚至最後還未必能拿到商品，因此等過一次再也不想買↓下標營業額高，實收營業額低。

如果這種狀況發生在服裝的過年銷售旺季，在工廠將會停工休年假的情況下，若沒有事先預估並下單「過年前的一個半月」加上「過年後一個月」，總共兩個半月的庫存量。

等於過年前期與後段，都沒有商品庫存可以販售。一年就這麼一次的「大旺季」，就算想旺也旺不起來。

二是「商品追加太多，造成庫存」↓現金壓在倉庫↓因庫存壓力只好不斷打折出清↓毛利降低賺不到錢↓買家之後都只想等打折時再買↓品牌價值蕩然無存。

由此可知，商品追加的準確度有多麼重要了。

那麼，到底該如何盡可能地達到所謂的「精準追加」呢？

其實變因很多，但每一項都很重要，例如：

・熟悉客戶族群需求

・精準預估服飾銷售壽命

・了解「季節變動」對未來銷售的影響

・了解「商品價格」對未來銷售的影響

・了解「服飾尺寸×商品色系」對未來銷售的影響

以上，各自又全是重要課題。

越能掌握上述幾點，追加時就能更加精準。

有人會說：「為什麼不運用系統，分析過往的銷售狀況就好？」

或許長期統計各品項在各個時節的銷售倍率，對於追加商品時的判斷，的確會有幫助。

但是，系統分析只能公式化提供固定倍率，無法做到對於上述所提及的較為人性化的微調。

尤其是當如果你的年營業額是破億元的前提下，哪怕只一個小數點，或是一個倍率的極小微調，都可能會對於營運數字有著巨大差別。

當每一款式在追加下單時都落差幾十件甚至幾百件，光是一季下來就累積了幾萬件、甚至幾十萬件的龐大庫存。

當然很容易就會造成我們前面所提到的，「沒有賺到錢，只賺到一堆庫存」的慘況。

而且，即使上述變因都能掌握，也未必就能夠款款精準追加。

所以，除了要有商品追加的專業判斷力，仍要不斷檢討每一次的失誤，不斷地修正與調整。

總歸一句，掌控追加精準度，才能有效解決庫存問題。

32

面對電商寒冬，如何殺出重圍？

打造有態度的新創品牌

雖然全球網購零售數字還是持續成長，但近幾年台灣的電商市場卻面臨不景氣，甚至出現「電商寒冬」的說法。

的確，就連不少大家所熟知的大型電商品牌與平台，即便擁有早期發展的優勢，也有充足的資金以及高知名度，卻也都面臨了成長停滯甚至下滑的狀況。

在這樣的市場下，卻有不少以「小眾族群」為主要受眾的特色電商品牌，反而趁勢崛起。

我首次創立的「東京著衣」便屬於前者，而再次創業的「Wstyle」則屬於後者。

那就和大家聊聊我的新品牌「Wstyle」，到底是怎麼開始的吧！

在離婚以及被迫離開「東京著衣」後，突然之間，我不再像以往般的忙碌。

反而真正開始擁有了自己的生活，不論是對婚姻、事業、家庭與人生的體悟，都有許多可以分享的感觸。

於是，我刻意隱藏本名，以小名「Mayuki 周小葳」開立了一個從零開始的 Facebook 粉絲專頁，在社群上發表文章。

我想知道，當我不再是「東京著衣」創辦人、褪去了外界所冠上的光環時，自己是否還能為女性帶來一些正面的影響呢？

除了分享私人的日常穿搭、親子互動與女性生活態度外，我從未提及以往的創業經歷。

就這樣默默經營了一年多，累積了將近四萬名粉絲數。

而且，這個粉絲團所吸引而來的人，幾乎都不知道我是「東京著衣」的創辦人。

直到成立了新品牌「Wstyle」，首次接受媒體採訪後，大家才發現「原來妳是周品均！」

重新再起，我選擇了化繁為簡，將電商銷售回歸最單純卻也最珍貴的初衷。

我不希望消費者因為過去的我是誰才來購買，我想要的是消費者喜歡現在的我，以及我的新品牌。

包括大家認為我所具備的過往資源，例如，廠商、人脈和團隊，我通通沒有運用。

而是拋開既有優勢，堅持重新歸零的勇氣，只為開創全新的品牌與截然不同的格局。

「態度」才是妳最好的打扮

新品牌「Wstyle」成立的最大目的，是為了傳達自信的生活態度，希望能協助更多女性擁有獨特的自我風格。

這樣的觀念，套用在穿搭選擇上，便是學習「如何用態度穿衣服」。能夠勇於嘗試、突破自我、進而看到自己更多的樣貌，對自己更有信心，並擁有更美好的生活。

因此，我們經常訴求於風格的呈現，而不是用穿衣來取悅誰、迎合誰。我們不斷的告訴消費者，擁有自己的個性與風格，遠比透過衣服來修飾身型、拉高比例、顯得高瘦白來得更加重要。

因為在現實生活中，並非每個女生都可以高瘦白，所以才更應該要有自己的風格，不是嗎？

不靠促銷折扣吸引顧客

在商品行銷上，「Wstyle」除了換季折扣外，平常並不以折扣促銷吸引顧客。

我認為「真心想要與喜歡」的顧客，遠比「因為折扣而來」的顧客來得更加重要。

並且讓商品回歸最單純與合理的定價，而不是先提高售價，再不斷打折。

因為這樣對於真心喜歡品牌、第一時間就購買商品的消費者，是非常不尊重的對待。

所以，我寧可失去「因為折扣而來，也會因為折扣而走」的顧客，也絕對不靠打價格戰來吸引顧客。

此外，我也不透過華麗的商品文案來敘述衣服，而是僅在商品網頁上提供最基本的測量數據與適穿範圍，商品照片也幾乎是以原片呈現，而未有過多的後製修飾，盡量讓商品回歸最單純的美好。

在「Wstyle」的社群經營上，也選擇以持續「傳遞品牌精神與理念」取代花俏的行銷手法。

沒有看似崇高的口號，只用具體的日常生活短文實例分享，來落實品牌精神。

一步一步地建立女性應有的生活認知和引發反思，來發揮品牌的影響力。

堅持互相尊重的消費態度

在客戶服務上，並不特別強調「顧客至上」，而是強調「互相尊重」的良性消費體驗。

不建立所謂的「VIP 制度」，因為我認為服務不應該取決於花多少錢而有差別待遇。

若是商品不適合顧客，反而會盡力阻止顧客購買，寧願把訂單往外推！

例如，曾經有顧客挑選了一件休閒款棉質洋裝，並請我們趕在她參加朋友在五星級酒店所舉辦的婚禮前寄給她。

由於這款洋裝的材質與設計，偏向輕鬆的戶外休閒風，真的不適合出席婚宴場所，所以我們直接建議她更換其他款式或者乾脆取消訂單，以避免穿著可能不夠得體的狀況。

面對部分找不到適合自己風格或身型的消費者，我們甚至會推薦同業的網站給買家，因為我們希望消費者真正找到適合自己的產品。

此外，「堅持把好商品與好服務留給值得的人」，也是「Wstyle」的品牌堅持之一。

因為這不是「銷量」問題，而是「原則」問題。

遇到消費過程中無理取鬧、擺出「付錢就是大爺」姿態的客人，我們寧可取消訂單，也不會讓客服人員遭受無理的對待。

又或者，當我們收到退貨申請時，一定會請顧客說明原因。

只因為我們比妳更在乎「買了卻不能穿的失落感」。

我希望女性面對自己不適合的原因，並且藉由退貨過程中，希望妳能更加了解自己。

如果是因為尺寸不合，我們就會建議妳重新認識自己的身型和三圍。

因為既然妳已經付出一次的時間成本與代價，就更應該藉此弄清楚什麼才是最適合自己的衣服。

愛自己，就該珍惜自己的時間，也該了解自己的身體，而不是用「得過且過」的態度過生活。

我希望每一個喜歡「Wstyle」品牌風格、也認同我的生活態度與創業理念的女性，在為自己挑選美麗的衣著同時，也要懂得做一位從內到外都善待自己的女性，這才是我一直在宣揚的生活態度與品牌精神。

將美感氛圍落實於品牌精神

最後，還有一個據說讓電商同業「傻眼」的做法，就是我選擇了犧牲出貨效率而且費用高昂的包裝方式。

那就是以高磅數的精緻紙盒取代破壞裝，並用具有質感的包裝紙取代便宜方便的透明塑膠袋。

以及在商品包裝完成前，噴上淡雅的獨特香氛，將商品當作精品般對待，希望讓消費者在收到選購的商品時，能有充滿驚喜的禮物感。

甚至考量顧客到超商取貨時的便利性，特別設計了可以輕鬆優雅提回的外層提袋，而不是狼狽地抓著髒髒的破壞袋或抱著一個紙箱走回家。

而這也成為很多首次購物的消費者，完全沒有預期到的驚喜感受。

這些高額的成本和貼心的細節，不只是為了能讓商品賣得好，更重要的是希望帶給顧客美好的氛圍與感受，將品牌精神徹底落實到每一個環節上。

我覺得自己非常幸運，能有機會享受第二次創業的樂趣，而且滋味更加美好。

因此，重新再次來過，我希望能打造一個堅守個人初衷，而且能夠貫徹始終的品牌，成為流行女裝產業中另一個嶄新的面貌。

5

思維

33

女人的錢真的最好賺嗎？

搶攻女性經濟簡直比登天還難

身為女裝品牌創業者的我，時常聽見有人說：「女人的錢最好賺了！」、「女生天生就愛亂買啊！」、「賣東西給女人最容易了！」。

基本上，我認為，會說這種話的人，本身就不了解女人。

這種言論更是一種不知所以然的膚淺評斷與錯誤迷思。

畢竟連俗話都說了：「女人心，海底針。」

意思就是女人的心思很複雜善變、令人捉摸不定，就像是掉入大海裡的針一樣，即使費盡功夫尋找，也很難找到。

難道這還不夠一語道破，如果對「女性消費心理」沒有深入的了解，就想分食全球都在搶攻的「女性商機」這塊大餅，簡直比登天還難的道理嗎？

女性是感性動物，而男性則是理性動物。

以感性為前提的女性，感情豐富、細膩，心境變化劇烈且富於想像，很容易受到心理狀態影響，而「想要」消費。

所以如何創造女性的「想要」，進而讓女性的「想要」大於「需要」，是一門很大的學問，更是一門很需要「深度專業」的生意。

當你想要賣東西給女性，你必須很明白女性的消費心理。

相較於女性來說，大部分的男性不會沒事去逛街或花時間逛網購。

對大部分的男性來說，只要東西沒壞，就不需要買新的；一旦有「缺少」的明確需求時，才會興起購物念頭。

也就是說，男性購物通常具有很強烈的目的性、目標與功能導向；喜歡速戰速決，用最短的時間快速決策，以完成購物使命。

但是，對於女性消費者來說，卻完全不是這麼一回事。

女性在消費時所考量的變因既多又複雜，而且是隨時被牽動的。

女性消費可能只是純粹享受逛街購物的樂趣，其中包含吸收和追求流行趨勢、發現新事物的快感。

也可能只是單純陪姊妹淘到處看看走走、抒發心情，享受購物周邊所帶來的樂趣。

甚至會有因為喜歡而預先買起來囤貨，或願意接受長達一個月的預購等待期的心理。

有時，可能是受到當下的心情所影響，或是被購物時的氛圍或服務所觸動。

有時，即使超出經濟負擔，也願意投注消費。

還有的女性，甚至會有「今天出門逛街，非買些什麼東西不可！」莫名想要血拚的念頭，即便此時的她根本什麼都不缺、或不知道自己想買什麼。

就像是在流行女裝產業裡，沒有一位女性消費者，是因為真的完全沒有衣服可穿，才因此購買新衣的，不是嗎？

加上女性消費時兼顧多重身分，在購物時可能不單是為了自己，還會為了伴侶、父母、小孩、朋友或寵物。

聽起來是不是既奧妙也毫無邏輯可言呢？

不過，這就是這波勢不可擋「女性經濟」被全球公認為最大商機的原因。

說穿了，就是因為男女消費習慣的不同之處。

因此，要想賺到女人的錢，你需要學會的第一件事，就是「尊重女性」。

並且抱持著謙虛、學習的心態，用「心」去感受、捕捉女性的微妙心理體驗，設身處地的了解其需求與變因。

懂得她們的心，了解她們在想什麼。

先從心靈開始與其建立連結、經營關係，而不是一開始就急著推銷。

相信我，唯有真正了解女性消費者，才有可能打動女性的心！

34

物超所值真的存在嗎？

比追求CP值更重要的事

不知道大家是否發現，現今的台灣，過度強調「CP值」的現象非常嚴重。

隨著網路的方便性，顧客在選擇消費前，多半會先上網進行搜尋比較，從中選擇自己心中「CP值」較高的選項。

例如，吃飯一定要挑餐點份量大又好吃的高CP值餐廳，旅遊一定要挑景點多又低價的高CP值旅行團。

就連與身體肌膚最直接相關的保養品，都要追求含有多種所謂「精華」

成分，卻便宜又有效的高CP值產品。

商家為了迎合市場需求與貪圖利益，流於強調商品的份量、數量、誇大功效。

而捨去或犧牲專業技術、商品品質、衛生安全和服務保障等更應該重視的部分。

我認為，正確的CP值觀念，是指「花了錢買到對等價值的商品和服務」，其中包含了商品背後的核心價值。

這些價值雖然是無形的，卻是具體成本的付出，也是無法被一般人輕易看見的關鍵之處。

而且，如果當某些品牌或店家，從頭到尾都不是為了CP值而存在時，社會大眾為何要用CP值的角度去檢視呢？

但是，現在大家卻毫不在乎這些，只沉迷於「CP值競賽」。

而忽略了品牌存在的價值與意義、環境與氛圍的營造、甚至商品的購買過程、售後服務與保障等這些無形的價值，本來就應該被尊重與列入考量。

加上現今的社群時代，彷彿人人都是某個領域的專家，能自行評析、拆解商品本身的「成本」只價值多少錢。

然後在網路上以個人主觀意見隨意發表評論，並給予是否符合其心目中對於高CP值的期待與認知。

商家在行銷自家商品時，也不斷主打著「高CP值」來吸引消費者目光。

漸漸地產生了「又要馬兒好，又要馬兒不吃草」的社會風氣。

使得市場充滿了廉價跟只顧表象的商品，而忘了「羊毛出在羊身上」的道理。

因為大家滿腦子都只想著：「便宜大碗就好了！」

導致市場上，完全一味地追求「物超所值」、「物美價廉」。反而讓想買好東西的人也買不到，想賣好東西的商家則乏人問津。

追求CP值本身並沒有對錯，而是在你做了選擇的同時，就應該知道自己所能獲得的相對代價。

畢竟，在一心追求高CP值的背後，整個社會很有可能需要付出極大的代價與風險，更是助長各種黑心商品產生的幫兇。

例如，身為知名大品牌卻製造黑心油圖利、商家將已過期的商品改標再販售、保養品添加不良成分宣稱療效、或低價旅行團為了節省成本而在食宿上動手腳而造成旅遊糾紛。

等到真的出事了，大家才來追問：「怎麼從來沒人發現？」、「為何政府沒有把關？」、「到底誰要負責？」等惡性循環。

因此，我認為，比起追求「物超所值」，追求「物有所值」才是合理的。

又例如，愛吃美食的我，經常在上網搜尋餐廳的時候，看到許多部落客發美食文。

在整篇文章圖文並茂地讚譽店家的一切完美時，最後卻以「只可惜價格偏貴、CP值不高！」為結論。

然後，便看到文章底下的網友留言寫著：「還好有先看到你的介紹，沒想到居然那麼貴，那就不要去了！」

這時，我都會忍不住反思，提供如此環境與服務的店家，當然就會有其所對應的價格。

怎麼會在這樣的條件下，卻期待店家還應該是低價的呢？

換一種說法來舉例吧！

同樣是一杯咖啡，你可以選擇喝35元的咖啡，也可以選擇喝180元的咖啡。

當你只想要快速外帶一杯咖啡提神時，那麼隨處可得的便利商店或手搖飲料，可能就是你最好的選擇。

但是，當你今天走進咖啡廳的目的，是為了一場期待已久的約會，或是和人商談公事。

你就會想選擇一家有好的環境氛圍、商品與服務、能好好地與對方共享一段時光的地方。

這時，一杯比超商售價高出五倍的咖啡，就變得十分合理，也無法用CP值來衡量。

只因為，你想要的與需要的，不只是一杯咖啡，那麼簡單。

這就是你必須心甘情願付出的價值，也是兩者之間的差異。

而不是只看價格，拿來互相比較。

了解對價關係的合理性，以及擁有正確的消費認知，才是最重要的。

唯有破除追求CP值的迷思，才能讓市場回歸到正常的供需問題與合理競爭。

這個社會也才能容納不同的聲音與需求，接受不同訴求的品牌存在，與更多元化的消費選擇。

35

「七天鑑賞期」不該成為濫用的權利

請勿把網購的方便當隨便

身處電商圈，相信所有品牌與賣家們最困擾的，大概就是「退貨率」和超商取貨的「不取率」吧！

身為電商業者，一定都想盡辦法要降低這兩個數據。

因為如果沒有控管好「退貨率」，不但無法創造營收，更會造成公司的庫存問題與資金問題。

更別說還得支付人力、包裝耗材的損失，以及物流業者或超商通路等無謂的成本耗損。

隨著網購消費的盛行，「消保法」制定了網購消費享有「七天鑑賞期」的退貨制度。

初衷原本是為了保障消費者權益，也是希望買賣雙方能擁有完善的互信基礎。

我相信，大部分的品牌與廠商，都很願意提供退換服務，也很願意遵守法律的規定。

但是，其實我們並不鼓勵消費者因此而「濫用」這些制度。

這不只是法律以外的「心態」問題，更是做人處事的道理。

先以最讓賣家頭疼的超商取貨的「不取率」來說吧！

日前有一則新聞，引起了網路賣家以及網購消費者的高度注意。

是關於一個買家跟賣家連續購買五次，都選擇「超商取貨」服務。

賣家在收到買家下單後，都準時出貨，但買家這五次都不前往取貨，造成賣家的貨物被退回和損失運費。

賣家在忍無可忍之下憤而報警，導致買家被移送法辦、可能面臨刑責的事件。

原本是良善又便民的網購服務及保障機制，但是卻因此衍伸出許多不懂得「尊重」與「自律」的行為。

另外，還有一種退貨的產生，是來自於對購物選擇過於輕率的心態。

無論是不慎加考慮、任意購買再退貨，或刻意不取貨的消費態度，即便有「七天鑑賞期」的法律保障，在「道德」上都是不對的一件事。

以經營流行女裝為例，每週我都會花許多時間做分析，以了解顧客的退換貨原因。

我發現，大部分的退貨率主要來自於「尺寸不合」。

而90％以上的不適穿原因，是因為很多人都不知道自己的身材尺寸，以致無法判斷自己是否適穿，或是挑錯尺寸。

其中又有不少人，即使有了一次失敗的購物經驗，仍然沒有想要了解自己正確的身材尺寸，來協助自己在往後的網購選擇上更加順利。

就像，許多消費者會說到：

「我都是穿M號啊，腰圍或臀圍有差嗎？」

「我不知道三圍耶！如果衣服有彈性，應該就沒差吧！」

「反正這次就先退貨吧！三圍是多少我真的不知道啦！」

其實我很不明白，為什麼身為女性，卻不想知道自己的三圍？

而要讓自己總在不明不白的情況下，不斷買錯尺寸，造成自己的困擾呢？

只因為，「反正可以退貨」，所以覺得沒差嗎？

但是自己所花費的購物時間，還有處理來回退換貨的麻煩，以及因為選擇失誤而導致收到商品時的期待落空，其實都是對自己人生的浪費呀！

面對這些狀況，許多網購同業實在是有苦難言，往往最後也只能將這些不願遵守規矩的顧客，用「加入黑名單」的方式消極面對。

而許多人當發現自己被加入黑名單，賣家拒絕再次提供交易時，又要大發雷霆，覺得不受尊重。

試問，如果你從來都沒尊重過對方，又為何期待對方要尊重你呢？

或許，這些行為看起來對消費者自己毫無損失，但在我看來，雖然好像只是芝麻小事，其實是對自己的人生，非常不負責任的一種生活態度。

簡單的上網購物是這樣的心態，那麼面對人生的其他事情，或許也都是如此。

只要眼前看起來不影響到自己，就把麻煩踢給別人，自己沒事就好，除了很不負責任，也很自私。

不論在職場或平常為人處事上，甚至是交朋友、談戀愛，這樣自私的生活態度會引發哪些問題，恐怕大家是可以想像的。

面對這樣的顧客或朋友，大家最後也只能列為「拒絕往來戶」不是嗎？

如果討厭這樣的人，請別忘了檢視，自己是不是有時候也不小心成為了這種人。

尤其是透過網路交易，不需要面對面的時候，經常讓我們忘了做人的基本禮貌。

保障自己的權益固然很重要，但千萬別忘了也要尊重別人啊！

在購買前考慮清楚，確認商品符合所需再進行購買，才是真正的愛惜自己。

如果可以，請多花一點時間，了解品牌後面的故事，也了解各種設計後面的用意，保證身為消費者的你，絕對會收穫更多。

36

女性創業的辛苦與堅持

自己的人生，由自己決定！

近幾年來，女性的創業家越來越多了，我想藉由一部電影來談談女性創業。

《翻轉幸福》（Joy）改編自美國一位成功女企業家喬伊·曼加諾的真人真事。

電影內容講述一位單親媽媽兼發明家，為了扛起一家生計而努力打拚的生活。

為了撫養三個小孩，她曾經當過服務生、航空公司訂位員與其他各種工作，甚至同時身兼三份工作。

而喬伊在某次不小心打翻了一杯紅酒，而用拖把清理地面、用手扭乾拖把時，卻被卡在拖把裡的玻璃碎片給割傷了手。

這個不愉快的使用經驗，讓喬伊決定自己動手製作自動扭乾拖把，而發明了堪稱時代改革的「魔術拖把」。

後來，更因此當上了美國電視台的購物女王，並擁有了一百多項專利，一手改變了自己的人生。

每當看到這種有關創業題材的電影，我們或許都會期待看到平凡的主角，透過創業，能夠神奇地翻轉人生，最終獲得幸福美滿的圓夢過程。

但是，這部片的主軸，其實是在寫實地呈現一位堅強的女性，面對人生、家庭與事業路途上的種種艱難與苦澀。

因為，真實人生中的創業過程，的確就是如此。

只是我們往往只看到別人成功後的光鮮亮麗，而忽略了在所謂的成功之前，相對必須付出多少的勇氣與努力。

建議大家不妨透過這部電影，來一窺創業者背後的辛酸，也順便讓自己省思一下吧！

例如：「有創意、很會想點子就能成功嗎？」

女主角喬伊從小就充滿了無限的創意與點子，甚至能夠親手將想法具體地實現創造出來。

但是，如果這些創意無法被量產和商業化，或是最終得不到市場的認同，即便是再棒的發現，都只能歸類為個人的興趣與喜好罷了。

再來談談，「如果創業充滿了風險，你願意勇於承擔嗎？」

例如，在根本不確定產品是否能受到市場青睞的前提下，喬伊就必須先付出一筆鉅款生產庫存，以換取銷售機會。

為此，她不惜將她唯一擁有的資產，也就是她的房子，給拿去抵押了。

這樣「孤注一擲」的勇氣，絕對是創業者必須具備的特質。

只可惜，喬伊並沒有因此平步青雲、一帆風順。

反而在她努力圓夢的過程中，所換得的不僅是龐大的負債，還遭遇了無情的家庭壓力，以及面臨了社會的殘酷與現實。

最後，甚至慘遭破產的危機。

這一連串接二連三的打擊，一度摧毀了女主角的信念。

在退無可退的情況下，喬伊明白了「沒有人會比你更在乎你的心血」這個道理。

她不願坐以待斃，而是越挫越勇，立志當一隻打不死的蟑螂。

更憑藉著不服輸的個性，以及絕不放棄任何一絲機會的堅韌毅力，為自己打了一場漂亮的仗，重新再站了起來。

並從那一刻起，才真正開始翻轉了人生，成為了商場女強人。

雖然在創業的過程中，「機運」很重要，「貴人」也很重要，但別忘了，這一切都是留給已經準備好的人。

也就是說，創業者自己本身的能力與堅毅才是關鍵。

在《翻轉幸福》一片中，喬伊雖然幸運地遇到了創業上的貴人，不過在得到資金與銷售機會後，最終還是失敗了。

即使如此，她仍不願放棄和妥協，靠著再次爭取、堅持自我，並且勇於突破，才終於獲得了第一次的成功！

此外，這部電影中另一個發人深省的部分，就是原本最大的支持者，往往也會是未來最大的絆腳石。

很多人創業的初期，都會需要家人、好友的幫助，但是到了最後，當時的助力，也可能轉變成為未來的阻力。

創業成功，並不代表其他一切也會隨之圓滿，或是人生從此一切順遂。

創業者原本的或未來的問題，「都不會因你成功了就放過你。」

因為那一切，都跟你創業成功無關。

而女性最常遇到的便是婚姻或育兒問題，這些剪不斷、理還亂的問題，還會在你為了創業努力奮鬥時，同步併行發生著。

畢竟，創業，只是人生的一部分，而非全部。

「當你該有的都有了時，不該少的也不會少。」這才是真實的人生。

重點是你用什麼心態面對這一切。

我永遠記得電影中喬伊說的名言：「我們靠著辛苦、謙卑與耐性走到今天，所以永遠別覺得世界虧欠你什麼，沒這種事。」

所謂的「這世界沒有欠你什麼」，這麼簡單的一句話，就有很多人做不到，遇到任何事情老是怨天尤人。

請記住這句話，永遠保持正面能量吧！

以及，「人的一生不能沒有勇氣，你所做的不一定要偉大到改變全世界，但只要能影響周遭的人就夠了。」

這也是我身為一位女性創業者有感而發的心路歷程，期盼能與每一個正在為自己或家人而奮鬥不懈的你分享。

祝福大家都能翻轉人生，擁有幸福。

37

有了媒體曝光就算成功了嗎？

千萬不要忘了自己是誰

的確，接受媒體報導可以獲得曝光，進而得到大眾的關注。

為了創業，你可能辛苦了大半年，都沒人知道你的辛苦與努力。

有時候，只是一則報導，就能讓你長久以來的付出終於被看見了。

可能會連失散多年的老同學，以及久不聯絡的遠房親戚都知道你在做什麼。

甚至連本來不怎麼理會你的人，也瞬間改變了態度，那種感覺比什麼都值得啊！

如果受訪後的反應或討論度再熱烈一點，可能還會有不認識的路人認出你，因此給你鼓勵或特殊禮遇。

突然之間，你會覺得自己好像「紅了」、變得「不一樣了」。

於是，造成很多人誤以為，能夠受到媒體的採訪就是「成功」的肯定。

也因為如此，讓很多人在創業的路途上，汲汲營營地想要獲得媒體的青睞與報導。

如果獲得媒體曝光，是為了藉此傳達企業理念、品牌精神、推廣產品或服務、或是增加目標族群對品牌的關注度，那當然是個好方法。

但是，我卻看到許多人，為了能夠博取媒體曝光，花大錢辦活動、丟議題。

曝光的內容卻與企業或品牌本身沒有太大關聯，能夠接觸到的族群，也並非是品牌的目標族群。

那麼這些曝光對於品牌與企業形象上的建立，其實並沒有什麼實質幫助。

在我創業這些年的過程中，也曾接受過許多媒體的採訪報導，以及舉辦過許多活動。

確實都成功地為公司帶來曝光，大大提升了品牌知名度和網站流量。

但是，每當我收到媒體採訪邀約時，都是非常慎重地做選擇的。

婉拒的採訪和活動邀約，其實遠高出真正接受的受訪數量。

為什麼呢？不是應該爭取越多曝光、對公司和業績就越好嗎？

因為我的角色是一家公司的創辦人與經營者。

我的工作是將公司理念和企業精神，傳達給某些特定的目標族群（可能是顧客、員工、投資人、商業合作夥伴等），以建立理想的關係。

由於自我定位非常清楚，於是我將媒體採訪邀約分成兩個部分。

一種是「商業」類型，也就是商管、財經、電商經營等相關領域。通常是藉此分享我的創業故事、經營理念、未來展望與市場分析，為企業建立專業形象，宣揚企業精神。

另一種則是「消費」類型，包含了流行時尚、生活、文化等相關領域，這是經營流行服飾品牌不可或缺的一部分。

跟商業類型很不同的是，這部分的受眾大多是我們的女性消費者，於是話題也會較為輕鬆。

分享的大概會是女性態度、流行趨勢、穿搭建議，以及品牌活動宣傳等相關內容。

簡單來說，商業類型的受眾是有商業目的的族群，消費類型的受眾則是顧客。

根據不同的受眾，所傳遞的訊息就會不同。

若不在此兩種受眾裡，或者可傳遞的內容並不符合需求。

對公司與品牌來說，其實就是不必要的。

比方說，熱門綜藝節目的邀約，內容是闖關玩遊戲，而不是談你的專業相關。

或者是因應某些熱門時事，媒體請你對不太相關的社會議題進行評論等，像這樣的曝光其實就應該予以婉拒。

或許有人會說，有曝光總比沒曝光好、有新聞就是好新聞，有機會總比沒機會好，為什麼要把免費送上門的資源往外推呢？

如果你的職業是通告藝人，需要藉由曝光得到更多機會，或許可以這麼想。

但如果你的職業是品牌創業者、執行長、企業高階主管，那麼你的時間只該用來做對公司有正面幫助的事情。

曾經看過某些創業者或經理人，得到媒體曝光所帶來的關注度之後，私下的言談重點，就從經營公司、關心市場的議題，漸漸地變成「前幾天上了什麼節目、下個月還有什麼通告」。

而且在這些活動中，又認識了哪些藝人或名人，接下來還要繼續推出什麼可以被媒體報導的活動，並且熱衷於將自己每日的行程打卡給大家看。

我覺得人是很容易受到誘惑的生物，一旦得到過多的名利，尤其是超過自我價值的那種程度，經常就會過度自滿，不再追求進步。

甚至沉迷於想得到更多的掌聲，於是開始為了爭取媒體報導、搏版面而做決策。

這些決策或許有助於個人曝光，卻可能無益於企業或品牌本身。

如果媒體曝光的內容，並不符合企業精神、品牌形象的方向，其實是沒有太大意義的。

「絕對不要盲目地爭取曝光，也千萬不要忘了自己是誰。」這是我的忠告。

38

買賣雙方都有選擇的權利

請勿成為奧客文化的推手

「以和為貴」通常是商家在做生意和經營事業時的一貫立場。

不過，不論是見不到面的網購交易，還是到實體商家消費，我都覺得沒有賣方理所當然應該要提供「讓你滿意為止」的非理性服務。

消費者也不應該有「花錢就是大爺，開門作生意本來就要以客為尊」的觀念。

不論是付錢的顧客，還是提供服務或商品的商家，買賣交易的過程都需要互相尊重。

身為客人，你當然可以挑選商家；身為商家，當然也有挑選客人的權利。

只要在不違法的前提下，商家開店做生意，本來就有權利制定自己的規則和堅持的立場。

而這些規則，自然會形成消費市場的過濾機制。

例如，餐廳不接受電話預約、一律只能現場候位，或是規定用餐時間只能兩小時、不接受十二歲以下的兒童入場等。

或是，某些網購業者只提供「現金匯款」和「宅配到府」的交易方式，而不開放「信用卡付款」或「超商取貨」等服務選項。

無法接受上述任何一項規則的客人，自然就不會選擇到該商家消費。

不知大家是否曾經思考過，商家在制定自家規則時，都有其營運的考量。

如果商家制定的規則有問題，就得面臨市場的考驗。

當買賣雙方覺得受到不合理的對待時，也有拒絕交易的權利。雙方都不需要有任何勉強，也不需要過度反應、非得為自己討個公道不可。

我真心期望看到能讓我們的社會風氣更良善、更健康的消費文化。

站在創業者的立場來說，只要是人為作業，都有疏失的可能。

當錯誤不小心發生時，商家就該勇於承擔、誠心向消費者道歉，並且立即採取相對的因應方式，再於事後進行檢討改進，避免再次發生的可能。

但是，不論是面對哪一種客訴，都應該就事論事，而非妥協到「無限上綱、毫無底限」地步，而滋長「奧客文化」的風氣。

例如，當錯誤發生時，商家為了順利成交生意，或是避免造成負面評價，便端出免費招待、贈送兑換券或購物金來作為補償，而養壞一個又一個的消費者。

這樣的心態反而是讓消費者之間，流傳著不成文的奧客潛規則：

「只要叫他們主管來，或威脅要投訴媒體，他們就會怕了！」

「只要說你要取消訂單不買了，賣家就會優先幫你出貨！」

「只要去他們 Facebook 粉絲專頁寫負評抗議，就有機會獲得補償！」

當商家面對層出不窮的「奧客」而叫苦連天時，也請同時檢討「奧客是不是你養出來的？」

如果「只要會吵就有糖吃」，那麼你就會養出「很愛吵的小孩」。

同時，我也想提醒同為創業者的老闆們，在提供商品和服務的同時，也請作為自家員工最堅強的後盾。

請你明白，顧客的感受和服務人員的感受，是同等重要的。

當站在第一線的服務同仁，面對不合理的奧客需求時，請身為老闆的你，堅持相互尊重的服務態度，力挺自家員工，讓他們能理性而勇敢地告知奧客：「我們不歡迎你用這種態度來此消費。」

而不是要求員工絕對不要得罪客人，即使受到屈辱，也得忍氣吞聲；甚至當服務人員被奧客投訴時，就不分青紅皂白地以「服務不佳」為由給予懲處警告。

最後，更希望人人都是消費者的你我，能接受每個人、每件事都有犯錯的可能。

當消費過程不如預期時，請不要立刻擺出一副無法接受、盛氣凌人的模樣。

用各種「威脅」或「辱罵」等不理性態度，藉機要求補償所謂的「各種物質和精神上的損失」。

就算最終如願獲得了讓你滿意的「補償」方式，不也等同宣告「你的感受是可以用錢來輕易解決的嗎？」

身為消費者，應該自重，也尊重服務人員，無論對於任何商家與服務，都不該有「花錢就是老大」的想法與態度。

如果你不滿意商家的服務態度或處理方式，其實最好的懲罰，就是拒絕再次消費，店家自然就無法永續經營。

而不是將你寶貴的人生和時間繼續浪費在對方身上。

畢竟，人生本來就是充滿著很多意外與風險，是沒有辦法被補償、挽救，和被交代、解釋的。

當事情就是發生了，請面對現實、積極冷靜地去處理它，而不是讓自己陷入「難道就是算我衰嗎？」的負面情緒輪迴打轉。

請記住，你有發脾氣的權利，不代表你就要使用它。

因為你的消費態度，就代表了你的人生態度。

「得理但饒人」，是一種更成熟優雅的消費禮儀。

39

從蘋果狂人「賈伯斯」看創新

勇於突破、堅持信念

談到創業、創新與品牌，就不得不提到蘋果的創辦人「賈伯斯」（Steve Jobs）。

每個人對於賈伯斯的傳奇事蹟都有不同面向的解讀，而在我看來，賈伯斯之所以成為傳奇中的傳奇，就在於他把不可能變可能，以及創新的能力與決心。

蘋果推出新產品之前，總是讓人屏息以待，新品發表總能吸引全世界的關注。

但是比起產品的規格、功能與價格，賈伯斯更加在乎產品背後的「意義」與可帶給人們的「價值」。

如果你只在乎前者，那麼你就只是在做生意。

如果你更重視後者，你才會有機會成為品牌。

對於賈伯斯來說，產品的開發，就是為了展現品牌核心價值所存在的。

因此，賈伯斯非常注重所推出的產品能否「貼近人心」，以簡約、便利的形式，為人們的生活帶來更美好的改變。

而這也是我在本書中，不斷強調「品牌精神」的重要性。

身為品牌，無論做什麼，請記得永遠都要符合你的品牌精神並堅持下去。

如果你看過有關賈伯斯的電影或自傳，就更能看到這些產品在推出之前，必須在公司內部經過多少堅持與挑戰，才真的能夠上市呈現。

或許在很多人眼裡，賈伯斯的許多所作所為就像是個瘋子，但我覺得，有時候，天才與瘋子就是一線之隔。

也的確只有那些瘋狂到自以為能夠改變世界的人，才能夠真正的改變世界，不是嗎？

另外，在前面篇章我不斷提到的「創新精神」，也是從賈伯斯身上能完全體現的。

例如，當大家還在使用CD跟MD隨身聽時，賈伯斯思考的不是如何打造出一台更棒的CD或MD播放器。

而是以更加超越的設計思維，打造出體積只有撲克牌大小、卻可容納上千首歌曲的iPod。

在那個擁有CD或MD隨身聽就已經很厲害的年代，誰會想到賈伯斯想的竟然是「直接跳過去！」

如此不安於現況、始終勇於突破框架的賈伯斯，最後又將按鍵式手機，改變成更貼近人性、擁有觸控設計的 iPhone，當同業還在想辦法簡化按鍵與放大手機螢幕時，他卻讓按鍵直接消失變成全觸控螢幕了！

從這裡我們可以學到的是，所謂的創新、所謂的突破，是可以到什麼程度的。

或許在這樣的思維之下，你可以想想自己的產業或領域，可以做出什麼樣的突破與創新？

不過，也因為賈伯斯太過創新和跳脫現況的設計理念，導致經常有股東與員工其實聽不懂他在說什麼，以及想要做到的是什麼。

而在公司內部引發了不少質疑和反彈的聲浪，例如：「這不可能做到！」、「那真的很重要嗎？」、「難道不應該以開發時程與成本作為優先考量嗎？」、「可不可以退讓或犧牲部分要求，讓產品先上市呢？」

面對這樣的質疑或反對，無論對象是股東還是員工，賈伯斯都非常痛恨聽到有人對他說：「不可能！」，他認為這是拒絕改變與進步的僵化心態。

面對不認同自己理念的員工，賈伯斯會毫不留情地開除他，沒有任何妥協的空間。

或許這樣在管理上會讓人覺得有些無情，但是我認為將「認同理念」放在用人及合夥的考量上，對於品牌和公司經營都非常重要。

畢竟，老是要花費許多時間和心力在教育或說服股東與員工上，還不如一開始就選擇能認同自己理念的人，才真正有助於公司的發展。

只要理念不合，無論這位員工的專業能力多麼優秀，都不能繼續合作，這是我從賈伯斯身上看到的一個很重要的原則。

請記得，如果你想要成功，你的團隊必須和你擁有一致的目標，保持同樣的信念與積極，才可能幫助你成功，否則專業能力再強都是枉然。

很多人說賈伯斯很冷血，但我看到的是，他永遠只做對公司有利的抉擇。

說他自私也好、無情也罷，因為一個優秀的創業者，不能感情用事，考量的永遠都是公司的整體利益。

我看到的賈伯斯，他不怕得罪誰，也從不取悅誰，他只忠於自己的信念，並相信自己的決定。

最後，記得我曾看過一部與賈伯斯有關的電影，裡面有一段話：

「永遠要記得，這個世界是由不比我們聰明的人所建構的，要相信自己有能力可以改變它。」

這句話深深地震撼了我，也讓我完全感受到，一個創業者的格局與高度有多麼重要！

成立一家公司、找辦公室、聘請員工、製作商品，這些都是有資金就能輕易辦到的事。

但是，一個創辦人的高度、格局、理念、創意，甚至是品格與道德，卻是再多錢都不見得打造得出來。

而這也是最無價和最有意義的地方。

如果你是創業者，請讓我們一起以賈伯斯「勇於突破、堅持信念」為榜樣。

如果你是從業者，我會建議你跟隨這樣的創業者，學習不斷創新與挑戰的精采人生。

40

美感與氛圍不該被重視嗎？

台灣最美的風景不該只有人

身為七年級生的我，還記得從小被教育時，學校明明強調的就是「德、智、體、群、美」。

但是，很快地，我就發現了，台灣的教育只重視所謂的「智育」。

在過往升學主義的要求下，為了追求考試成績，只要與升學無關的課程，例如體育課、音樂課或美術課等，經常被拿來換成考試或加強學科的時間。

彷彿唯有獲得好成績，才是擁有美好未來的入場券。

其他的，都不重要，也都可以被犧牲。

這讓我想起了某次去歐洲自助旅行時，所看到一個至今仍印象深刻的畫面。

那是在法國巴黎市郊的某個小鎮，一個擺在路邊、販賣現榨果汁的小攤販。

賣果汁的攤販老闆是一位穿著格子襯衫、繫上圍裙的普通大叔，並非是令人矚目的潮流型男。

但是，他卻在小攤販上，擺上了一大盆開得既盛大又嬌豔的玫瑰花作為裝飾，並且跟他鋪上的桌巾相互輝映。

那盆玫瑰花與他的攤位，當下緊緊地吸引了我的目光，讓我久久難忘，也給了我很大的反思。

即便只是販售一杯看似並不起眼的果汁攤販，都有著自我堅持的美學主張。

因為對於保守的東方人來說，送花通常是慶祝特殊節日或是探視病人的行為。

於是，「鮮花」便被賦予了特殊性與商業意義，也是額外的非必要開銷。

可是，在國外，鮮花與植物的存在，卻像呼吸一樣自然。

出門隨手買一把鮮花回家，或是造訪友人時帶束鮮花代表禮儀和致意。

即便歐洲現今正處在經濟蕭條的時代，也不會輕易拋棄對於美感的堅持。

還有一次，我在英國的牛津街上，看到一位年邁的白髮老先生，因為腳受傷而必須拄著拐杖才能出門行走。

但是，他卻沒有因為身體的不便，而放棄對得體穿搭的原則，反而照樣穿著成套的西裝與皮鞋，還搭配了紳士帽。

這樣的態度，實在太讓我佩服與讚賞了！

就像大家常說：「法國女人很有魅力。」

事實上，不是因為法國女人天生長得比其他國家的女人美麗，而是其舉手投足的魅力，與隨著不同年紀所自然散發的韻味。

那種不追求凍齡或過度打扮，所充滿了一股從內而外、怡然自得、從容優雅的美麗。

這些親眼所見的畫面，讓我理解到，一個國家的人文素養，與人們對於美學的追求，必須透過長時間的累積，落實到日常生活中，才能營造出整體社會共識與風氣。

透過那次的歐洲之旅，我明白了美感與文化是無法速成的。

就跟做品牌一樣，需要時間的累積，和持續不斷的落實在生活的每件大小事上，才能被實現的。

反觀台灣社會，對於各方面的美感追求，不但不受重視，有時還會遭到歧視。

彷彿追求美感生活，是一種不切實際的膚淺行為，與不必要的浪費。

例如，我自己平常很喜歡運用花材、植物和香氛，來為生活添加美好氛圍，甚至將這項喜好延伸到「Wstyle」的品牌經營理念上。

有人會說：「灑在客人包裹裡的香水一下就揮發了，這樣不是很浪費錢嗎？消費者也不見得懂妳的用心啊！」

但是，我就是想提供給自己和真正懂氛圍的顧客這樣的美好，難道不值得嗎？

一個國家和社會，對於任何事物，都沒有將美感納入考量時，不論是在城市的市容、建築與各項設施的規劃，或是空有技術、卻生產出毫無設計感可言的商品。

往往讓我們的生活中，充滿了實用的「醜感」，而缺乏了生活的「美感」。

真心的希望，台灣能有更多人認同美感與氛圍是一門專業，也是一種無形的價值，更願意付出相對的代價換取。

那麼，台灣最美的風景除了人以外，一定還有更多的美好，值得被發掘與期待。

品牌 × 新創

周品均的創新態度與思維

作　　者／周品均
責任編輯／李書瑩
封面攝影／鄭豊獻
美術編輯／申朗創意
企畫選書人／賈俊國

總 編 輯／賈俊國
副總編輯／蘇士尹
編　　輯／高懿萩
行銷企畫／張莉榮・廖可筠・蕭羽猜

發 行 人／何飛鵬
法律顧問／元禾法律事務所王子文律師
出　　版／布克文化出版事業部
台北市中山區民生東路二段 141 號 8 樓
電話：(02)2500-7008　傳真：(02)2502-7676
Email：sbooker.service@cite.com.tw
發　　行／英屬蓋曼群島商家庭傳媒股份有限公司城邦分公司
台北市中山區民生東路二段 141 號 2 樓
書虫客服服務專線：(02)2500-7718；2500-7719
24 小時傳真專線：(02)2500-1990；2500-1991
劃撥帳號：19863813；戶名：書虫股份有限公司
讀者服務信箱：service@readingclub.com.tw
香港發行所／城邦（香港）出版集團有限公司
香港灣仔駱克道 193 號東超商業中心 1 樓
電話：+852-2508-6231　傳真：+852-2578-9337
Email：hkcite@biznetvigator.com
馬新發行所／城邦（馬新）出版集團 Cité (M) Sdn. Bhd.
41, Jalan Radin Anum, Bandar Baru Sri Petaling,
57000 Kuala Lumpur, Malaysia
電話：+603- 9057-8822　傳真：+603- 9057-6622
Email：cite@cite.com.my
印　　刷／卡樂彩色製版印刷有限公司
初　　版／ 2018 年（民 107）05 月
初版 14 刷／ 2024 年（民 113）02 月
售　　價／ 360 元
I S B N ／ 978-957-9699-10-5

城邦讀書花園　布克文化
www.cite.com.tw　WWW.SBOOKER.COM.TW